# 哈佛学生必须具备的
# 15种杰出本领

博 文 编著

光明日报出版社

**图书在版编目（ＣＩＰ）数据**

哈佛学生必须具备的 15 种杰出本领/博文编著．－－北京：光明日报出版社，2011.6（2025.1 重印）

ISBN 978-7-5112-1108-8

Ⅰ.①哈… Ⅱ.①博… Ⅲ.①成功心理－青年读物 Ⅳ.① B848.4-49

中国国家版本馆 CIP 数据核字 (2011) 第 066105 号

# 哈佛学生必须具备的 15 种杰出本领

HAFO XUESHENG BIXU JUBEI DE 15 ZHONG JIECHU BENLING

编　著：博　文

责任编辑：温　梦　　　　　　　　　　　责任校对：张荣华
封面设计：玥婷设计　　　　　　　　　　封面印制：曹　净

出版发行：光明日报出版社

地　　址：北京市西城区永安路 106 号，100050

电　　话：010-63169890（咨询），010-63131930（邮购）

传　　真：010-63131930

网　　址：http://book.gmw.cn

E－mail：gmrbcbs@gmw.cn

法律顾问：北京市兰台律师事务所龚柳方律师

印　　刷：三河市嵩川印刷有限公司

装　　订：三河市嵩川印刷有限公司

本书如有破损、缺页、装订错误，请与本社联系调换，电话：010-63131930

开　　本：170mm×240mm

字　　数：192 千字　　　　　　　　　　印　　张：15

版　　次：2011 年 6 月第 1 版　　　　　　印　　次：2025 年 1 月第 4 次印刷

书　　号：ISBN 978-7-5112-1108-8

定　　价：49.80 元

# 前 言
## PREFACE

"先有哈佛，后有美国。"哈佛大学被誉为高等学府王冠上的宝石，是世界各国学子神往的学术圣殿。哈佛大学的巨大成就，不仅在于它高超专业的学术水平，更重要的是它积累的一系列深刻而珍贵的成功智慧。正是这些成功智慧，使得哈佛大学在过去的300多年间先后培育出7位美国总统、40位诺贝尔奖获得者以及数以百计的世界级财富精英，为商界、政界、学术界及科学界贡献了无数成功人士和时代巨子。

"先学会生存，才能学会生活。"对于哈佛大学这样的百年名校来说，培养学生的生存本领远排在教授具体的知识技能之前。现今，生存竞争如此激烈，但成功的人生并非难求。只要你拥有杰出的本领，就可以游刃有余地面对各种机遇和挑战，比别人更快地获得成功。

"赠人以物，予人以钱，不如送人以言。"本书浓缩了哈佛大学300年来积累的人生智慧的精华，从自我定位、终身学习、把握机遇、善待情感、统筹时间、团结合作、培养口才、人际交往、塑造形象、控制情绪、发掘潜能等方面，总结出哈佛教给学生的

15 种本领。旨在指导广大青少年练就出众的本领，为将来适应社会。迎接人生挑战做好充分的准备。这 15 种本领是每个青少年，乃至杰出者不可或缺的，如果这些本领应用得恰到好处，事业成功、人生辉煌将不再是梦。

创新的体例、精美的图片和生动的文字有机结合，共同打造出一个轻松愉悦的阅读空间。对于青少年来说，书中没有冗长的说教，只有无穷无尽的榜样力量；没有累赘的语言，只有深刻的人生哲理感言。同时本书也为广大望子成龙的家长朋友们教导孩子学习进步、健康成长提供了有益的建议和忠告。

汲取哈佛人生智慧的营养，修炼做人的准则和处世的原则，合理处理学习、生活、工作和人际关系，不断超越自我。

# 目 录
## CONTENTS

## 本领一：给自己一个准确的定位
### ——认识你自己

"无论别人的推心置腹显得多么明智、多么美好，从事物本身的性质来讲，人们最好的知己应当是自己。"给自己一个准确的定位，才能在生活和工作中做到扬长避短，成就完美的人生。

## 本领二：终身学习
### ——每天学习一点点

知识是登上成功顶峰的垫脚石，学习在生活中的重要地位是不可替代的。在知识经济时代的今天，信息与社会在日新月异地变化。只有通过不间断地学习，为头脑"充电"，才能跟上时代的步伐，成为时代的领头人。

# 本领三：不错过任何一个机会
## ——捕捉稍纵即逝的机遇

人生因机遇而熠熠生辉，正是抓住了一次次机遇，人生的梦想之花才能绚丽地盛开在现实的花园中。机遇的降临，宛如鲤鱼越过龙门，鸟儿飞上枝头变成凤凰。抓住了机遇，等于成功了一半。

# 本领四：善于排除障碍、解决问题
## ——方法总比困难多

成大事者和平庸之辈的根本区别之一，就在于他们是否在遇到困难时理智对待，主动寻找解决问题的办法。一个人只有勇于去挑战，并在困局中突围而出，才能奏出激越雄浑的生命乐章，最大化地彰显人性的光辉。

# 本领五：正确把握情感
## ——花季雨季，坦然走过

走过了花季，踏过了雨季，如果你付出了汗水与真诚，收获了知识与友情。回首凝视时，心中将一片坦然，因为你可以自豪地说："我拥有了一段美好的时光，我过得很充实、很快乐。"

# 本领六：合理安排时间，努力提高效率
## ——时间记录了勤奋者的进步，
## 也记录了懒散者的遗憾

一寸光阴一寸金，寸金难买寸光阴。时间如流水，不会等待迟到的懒惰者。时间就是生命，勤奋则是迈向成功彼岸的唯一途径，只有珍惜时间的人才会勤奋耕耘，才会懂得生命的珍贵。把握了时间你就把握了成功的金钥匙，丢失了它，碌碌无为的一生将会让你感到恼怒与悔恨。

# 本领七：快速处理各种有效信息

## ——面对信息冲击，保持敏锐头脑

现代社会是一个靠信息生存的时代，在人们的交往过程中，所拥有信息量的多少成为机会的象征。面对信息大爆炸，你要具备敏锐的头脑，善于在信息风暴中搜寻有利信息，进行加工处理，为你所用。

# 本领八：熟练掌握至少一门专业技能

## ——至少有一样拿得出手

要在社会上安身立命，必须有一样拿得出手的专长。不学无术、得过且过，没有掌握半点拿得出手的本事行不通；虽好学肯干，但用心不专，本事虽多，却水平一般，没有一样拿得出手的本事仍是行不通。你必须掌握一门精练的专业技能。

# 本领九：懂得创造性合作
## ——掌握统合综效法则

这不是一个崇拜个人英雄的时代，合作是今天的主题。要想工作有所成就、生活更加美好，就要学会与别人合作，利用他人的优势来弥补自己的不足，让自己站在巨人的肩膀上眺望远方。

# 本领十：用口才影响他人
## ——你的世界由你的语言建造

语言是用来应付这个社会的一种利器，优秀的口才能够为你赢得他人的信任与支持，能够简洁明了地表达你的思想，能够在潜移默化中影响他人，能够让你获得更多的成果，赢得更好的未来。

# 本领十一：良好形象，完美塑造
## ——你的形象价值百万

　　有许多优秀的人才长年得不到发展，并非他们不努力、缺乏才智，而是他们的形象就让人误解：他无法做到更好。能力固然重要，但良好的形象是开启他人心灵的第一把钥匙，形象能够为你的成功增加筹码。任何时候都不要丢掉自己的形象，要知道：你的形象价值百万！

# 本领十二：充分展示最棒的自己
## ——像演员一样具有旺盛
## 的表现欲

　　在"酒香也怕巷子深"的今天，如果你仍静待伯乐的光临，必将错失许许多多美好的机遇。这个时代要求你有特长就发挥出来，有本领就展示出来，是千里马就去奔跑，用自己的才能征服众人，随时准备展示最棒的自己。

# 本领十三：深谙人际交往的技巧
## ——让自己成为最受欢迎的人

人与人之间的交流与沟通在当代社会中发挥着越来越重要的作用。巧妙地与他人交往，努力使自己成为深受别人喜欢的人，是当代青少年面临的重要一课，也是一生需要遵循的行为准则。

# 本领十四：控制自己的行为和情绪
## ——管住自己，才能驾驭世界

当情绪出现波动时，最有力的支持来自于你自己。自制力是日常行为的一把保险锁，它要求你以理智来平衡自己的情绪，接受理性的指引，先"谋定而后动"，管住自己的情绪和言谈举止。

# 本领十五：充分挖掘自己的潜能
## ——引爆你无穷的潜能

　　"每个人都有一种伟大的内在力量，如果你能发现并利用它，你就会明白，你完全能够实现自己的梦想和憧憬。"这种神圣的、永恒的、不朽的潜能，犹如一个无言的使者，时时鞭策着你、保护着你、激励着你。引爆你无穷的潜能，将你的能量最大限度发挥出来，自由遨游于天际。

# 本领一：给自己一个准确的定位

## ——认识你自己

"无论别人的推心置腹显得多么明智、多么美好，从事物本身的性质来讲，人们最好的知己应当是自己。"给自己一个准确的定位，才能在生活和工作中做到扬长避短，成就完美的人生。

## 给自己做个"盘点"

世界上最重要的事就是认识自我。

—— [法国]蒙泰涅

这个世界纷繁复杂，外界环境日新月异，社会万象丰富多彩。人们可以用一双明亮的眼睛和一颗明净的心灵去认识外面的世界，审视世间万事万物。然而，在审视世间万事万物的过程中，人们最难认清的不是那些看似复杂的事物，也不是身边的其他人，而恰恰是你自己。

你是否真正了解自己？你是否曾审视过自己的兴趣、爱好、专长、能力？你是否清楚自己的性格特点是怎样的？是否知道自己适合做哪种类型的工作？

泰戈尔曾说过："你看不到自己，你所见的仅是你的影子。"

你只有通过参与学校的各项活动，才能逐步清楚地了解自己的能力、兴趣、人格特点、价值观等，进而欣赏自己的特长，了解自己的不足，做到扬长而避短，充分发挥自身潜能。

在希腊帕尔纳索斯山南坡上的神殿门上，写着这样一句话："认识你自己。"人们认为这句格言就是阿波罗神的神谕。古希腊哲学家苏格拉底最爱引用这句格言教育别人。

两三千年前的这句格言直到今天还在教育着人类，因为人类还未曾真正地认识过自己。

"不识庐山真面目，只缘身在此山中。"人们不能充分地认识自己、为自己定位的一个很重要的原因，是不能客观地看待自己。那最好的解决办法就是将自己视为一个"他者"，即与外界的事物相类似的"其他人"。自己站在客观的角度用另外一种眼光全面地审视自己的兴趣、特长、能力、性格、素质等，得出一个较为客观的结论，为自己定好位。

青少年正处于身心发育的关键时刻，这个时刻为自己做一次"盘点"尤为重要。这个盘点可以让你明白自己擅长什么，从而了解自己的优点以继承发扬，知道自己的缺点以改正。

由于青少年期属于人的心智、性格等不断变化、发展、完善的时期，给自己做"盘点"的工作要随着时间的推移和环境的变化重新进行，随时掌握自身的全面信息，以便于对自己的奋斗目标和行动计划做出适当的调整。

怎样才能为自己做"盘点"呢？以下是几条自我"盘点"的有效途径：

**第一，可以从班级和社团组织的各项活动中来了解自己的能力。**

对于青少年朋友来说，班级和社团是展示自我的很不错的舞台。

想知道自己有没有组织策划能力，可以找个机会组织一次活动试试看，比如组织一次班级春游、一次元旦晚会，看看自己能不能有效地组织协调各方面的人力、物力、财力。

**第二，可以从别人对自己的反应中来了解自己的优缺点。**

平时，你的身边有没有朋友呢？他们对你的态度是怎么样的？朋友是不是愿意将自己的心里话讲给你听呢？如果你有很多朋友，而且朋友与你相处会感到很轻松、很愉快，这说明你有令别人快乐的优点，你也可以问问你的朋友们为什么喜欢和你在一起，也许他们会告诉你因为你诚实、因为你正直、因为你幽默、因为你认真，等等。总之，这些都是你的优点，也是你能有好人缘的资本所在。这时，你就要继续保持自己的优点，让它给自己带来更多的好朋友。如果你身边的人看到你就马上躲开，他们的任何事情都不与你分享，这时，你就要问自己到底是哪里出了问题。不要害羞，也不要顾及什么"面子"，你应该去问那些对你不太友好的人："我错在哪里？"态度要诚恳，并且认真听取他们的意见。他们也许会对你说你太小气、你不守信用、你傲慢、你虚荣，这些可能会让你大吃一惊："原来我有这么多的毛病！"假如这些缺点真的存在，那你就要努力改正，学得大方一些、更守信用一点、谦虚一些、务实一点，并诚恳地请求这些给你提意见的人随时监督自己，争取早日改掉坏毛病，找回原来的好朋友。

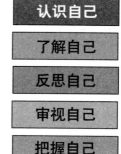

认识自己

了解自己

反思自己

审视自己

把握自己

**第三，可以在自我反省中了解自己的内在自我。**

古人说"吾日三省吾身"，青少年朋友不必做到一日三省，但这句话中包含的一定要定期进行自我反省的精神实质是你要准确理解的。每隔一段时间，给自己留出一份空闲时间，独自一个人，思考一下自己这段时间都做了什么事情，哪些事情产生了好的影响，哪些事情造成了不良后果，其间自己扮演了什么样的角色，起了什么作用，自己还有哪些方面做得不足，打算怎样改正，对后一阶段的学习、工作、生活有什么样的计划，等等。养成自我反省的好习惯，有助于更清楚地认清自己，也为更好地开展学习和工作打好了思想基础。

**第四，可通过有关的心理测验了解自己各方面的特点。**

科学的心理测验结果是一个人的潜意识的体现。心理测验大多为设计一个场景测试你的反应，根据不同的反应分析你具有哪些性格特性，进而分析你适合做哪一类型的工作。目前，广泛流行的还有根据血型、星座等对人的性格进行测试的题目，其科学性虽不很高，但也不是完全没有依据。因为心理测验对人的心理暗示性很强，所以要慎做，要依照科学的方法来做，不可随意相信所谓"权威"的心理测验，以免对自己造成不良暗示。

**第五，可以从与心理辅导教师的谈话中了解自己。**

心理辅导教师都是心理问题方面的专家，他们可以帮助你通过日常行为分析你的性格特征或出现的问题，之后"对症下药"，为你提供解决问题的有效办法。有的人不喜欢看心理医生，也不愿意去找心理辅导教师谈话，认为自己去找这些人会被人看成是心理有毛病、不正常。实际上，这是错误的看法。大家应该放下思想包袱，怀着放松的心情向心理辅导教师寻求帮助。

"知己知彼，百战不殆。"给自己做"盘点"正是知己的过程，也是为了进一步获取成功打下坚实的基础。

# 选自己能胜任的工作

一个人，虽然驾着的是一只脆弱的小舟，但只要舵掌握在他的手中，他就不会任凭波涛摆布，而会有选择方向的主见。

—— [德国] 歌德

如果说给自己做"盘点"是为了发现自己的强项，那么选自己能胜任的工作就是发挥强项的过程。

每个人的能力总是有限的。有些人精力旺盛，认为没有自己做不到的事。其实，精力再充沛，个人的能力还是有一个限度的，超过这个限度，就是人所不能及的，也就是你的短处了。每个人都有自己的长处，同时也有自己的不足，这就要选择一项适合自己的工作，充分发挥长处，既保证自己能够胜任，又不会"大材小用"。

人的性格和能力是有差别的，这些差别是长期养成的，不能说哪一种类型就一定好，哪一种类型就一定坏。正是这些不同，每个人所能从事的工作性质就不一样。要想有所作为，首先得明白自己的性格和能力，然后选定一个适合于你自己的工作目标。

每个人最好能从事与自己个性相切合的工作，这样就一定会全心全意做好这项工作。世界上最大的悲剧，也是最大的浪费就是大多数人都在从事不适合自己个性的工作。过去的社会体制限制着个人，使得他们没有选择的权利；现在的社会，选择余地越来越大，好多人却仍然只是选择或从事从金钱角度看来最为有利可图的工作，根本没有去考虑自己的个性和能力。现在，社会为人们提供了便利的条件和宽松的发展环境，可以自由择业，这样的机会一定要把握好，才不会在年老回首往事时感到遗憾。

选择自己能胜任的工作包含着 3 层含义。

**第一，这是一份符合自己性格特点的工作，也就是说工作适合你。**

找到这样一份工作的前提是你充分了解自己的性格等各方面特点，并明确地知道自己想做什么和怎样去做，即有个明确的目标并有达到目标的具体方案。若按人与目标的关系分类，则可将人分为：

(1) 确切知道自己在生活中想做什么并且会去做的人。

(2) 不知道也不想知道自己想做什么的人。他们害怕自己有目标，他们说："我实际想要的东西从来没得到过，所以我干脆也不去想了。"他们宁愿想别人也想的东西和不会给他们带来任何风险的东西。这些人实际上并不知道他们想要做什么，一个愿望还没出现在他们的意识中，就已被他们扼杀在摇篮里。"我能做到吗？我有资格做吗？别人将会怎么说呢？如果我不能胜任，结果会怎样呢？"如果说这些人也想做些什么的话，那也就只是做些别人想做的而不是他们自己想做的。

⊙个人能力有限，要量力而行。

(3) 看起来非常清楚自己想做什么，而实际上却对此一无所知的人。他们与上面提到的两类人的区别只在于：他们非常重视给别人留下一种印象，那就是他们知道自己想做什么。这使得他们比较自信，看起来也比别人略高一筹。

(4) 还有一类人在现实生活中是常见的，就是什么都知道的人，至少他们对什么都了解得比较清楚。

青少年朋友要在平时的生活、学习中锻炼自己，知道自己该做什么，该怎样做，这对成长益处颇多。

**第二，自己能做这份工作，也就是说你适合这份工作。**

这需要你对自己的各方面能力有个正确的认识，既不过分低估自己的能力，也不过分高估自己的能力。

很多人过低估计自己，而且又不尝试做些事情去发挥自己被忽略的能力，这绝非偶然。他们的行为准则是中庸的，他们追求平稳，甚至不想全部发挥出自己的实际能力。

1981 年，在美国西雅图的一所学校，教师对学生做了一项调查：50 个学生中只有一个具有天赋。按照他们对"天赋"的理解，他们承认孩子们具有潜在的超常能力。但拥有这些超常的能力又能怎样呢？教师必须承认他们压制了孩子的天赋，在教学上一味地搞平均主义，一味地折中，以至于大多数具有天赋的学生也渐渐适应了中庸。学生们深信：只有我得了高分才会得到承认，而当我致力于我的兴趣爱好并继续发展时，就得不到承认。所以，他们从来不知道自己能做什么。

如果说这是教育体制的一个弊端，那么学生本身是否一点责任都没有呢？恐怕并不是这样的。人在安逸的生活中会变得懒惰，在自由的氛围中思想却像上了一把大锁，不能有独立的思维能力。在平时的学习训练中，你是否都全力以赴，做到最好了？你是否每天将自己的作业做得整洁、清晰？作业是否独立完成并保证正确率？师长交代的每一件事是否都出色地完成了？

**第三，这份工作自己能够做好。**

这是一个自身能力与目标和现实相互协调、相互统一的过程，也是"胜任工作"所能达到的最高境界和最终目标。"做"与"做好"是不同的，"做好"是"做"的延伸和结果，中间要加入你自己的主观努力和对客观事物的把握。"做"一件事不难，但"做好"一件事并不容易。这需要你既了解自己的能力范围，又了解工作对能力的要求程度，随后适时地调整自己，以达到最好。

# 切勿盲目自大

感到自己渺小的时候，才是巨大收获的开头。

——[德国]歌德

每个人都会有自己的闪光点和骄傲，但不可将这份骄傲无限放大，脱离实际。盲目自大的人不清楚自己的优点和缺点，他们企图掩饰自己的缺点，而夸大自己的优点。这样的人不但得不到人们的欢迎，还会被人们所厌弃。

有一条涓细的小溪，细小的流水是由山上融化的雪水和天上所下的丝丝雨水汇聚而成的。

一场大雨过后，溪水暴涨，细小的溪流一下子就变成了滔滔的洪水。小溪高兴得忘乎所以，心中滋长了骄傲的情绪，很想把自己升格为一条滔滔的大河。于是，小溪借助雨水的威力，使劲地冲刷两边的堤岸。它卷走泥土，冲塌石块，尽力拓宽自己的河床。

令小溪感到遗憾的是，那可恶的风很快就驱散了带雨的乌云，明亮的太阳又高悬在蓝天了。雨过天晴，溪水骤减，不仅无力再拓宽河床了，而且那小小的溪流也被自己所冲积的泥石挡住了。

青少年朋友就像那一条小溪，能力有限却能够涓涓流动不停息。如果有一天，借助外界的力量我们变得强大了，这时，青少年朋友正确的做法是再次审视自己的能力与成功事件的关系，是否真的是自己的力量促使了事情的成功，有没有外界力量的介入，等等。而不能像小溪一样盲目地想将自己升为更为宽阔的大河。如果没有正确认识自己的能力，当外力不复存在时，青少年朋友恐怕也要被"泥石"挡住了。而这"泥石"不是别的，正是青少年朋友内心滋长起来的那一份狂妄和自大。

盲目自大的人往往过高地估计个人的能力，失去自知之明。心高气傲的人，有的自视过高，总爱抬高自己贬低别人，把别人看得一无是处，总认为自己比别人强很多；有的固执己见、唯我独尊，总是将自己的观点强加于人，在明知别人正确时，也不愿意改变自己的态度或接受别人的观点。自大的人一般很少关心别人，与他人关系疏远。他们经常从自己的利益出发，不太顾及别人。不求于人时，对人缺少热情，似乎人人都应为他服务，结果落得门庭冷落。还有的自大者过度防卫，有明显的嫉妒心，这种人有很强的自尊心，当别人取得一些成绩时，其妒忌之心油然而生，极力去打击别人、排斥别人。当别人失败时，幸灾乐祸，不向别人提供任何有益的信息。同时，在别人成功时，这种人常用"酸葡萄心理"来维持自己的心理平衡。

| 克 服 盲 目 | |
|---|---|
| 兼听则明 | 不管做什么事，都要多听其他人的意见 |
| 学会给自己降温 | 别人疯狂做什么事时，要给自己浇冷水，保持冷静 |
| 认清自我，制定明确的目标 | 对自己有一个正确的评价，然后制定一个适合自己的目标 |
| 不要迷信"应该" | 并不是所有"应该"的东西都正确，真理往往掌握在少数人手里 |

盲目自大的人不易被社会所接纳，而造成这一障碍的就是他们不切合实际的想法和眼高手低的作风。

了解了盲目自大的诸多害处，青少年朋友可以认真思考一下，自己有没有这种不良的心理倾向，如果有，一定要努力克服。


# 学会从最低级的事情做起

不论成功还是失败，都系于自己。

—— [美国]朗费罗

青少年朋友在认清自己的能力、明确自己的位置的同时，还要学会从小事情做起。小事情并不是最简单的事情，生活中的小事情往往隐含着许多智慧与信息。

香港某财团的继承人在进入家族企业工作时，并没有直接就任父亲为他安排好的职位——总经理，而是询问公司哪一个部门的工作可以在最短的时间内熟悉公司的所有员工和公司的财务情况，得到的答案是——财务部门。于是，他力排众议到财务部门做了一个小职员。他明白自己的使命不是在财务部门"沉默"，于是利用工作之便，在 3 个月内便弄清了公司的业务发展情况和公司员工的细节情况。半年后，他回到了自己原来的位置，开始利用自己掌握的第一手资料对公司运营中存在的弊端进行大刀阔斧的改革，裁减了一批人，提拔了一批人，并对公司账目进行整顿，在短短一年内，公司的利润有了大幅度提高。

试想，如果这个年轻人没有这样一份抱负与智慧，当初"心安理得"地坐到总经理的位子上，而没有深入到下面看似低级的岗位上亲身体验，怎么可能那么快就全面了解整个公司的人事与财务状况？怎么可能一针见血地看破公司的弊病所在？又怎么可能如此迅速地对症下药，给公司带来良好的经济效益？这些成绩都源于他能够认清自己的角色与能力，了解自己欠缺什么，肯从小事情做起，来弥补自己的不足。

青少年朋友当有远大志向，才可能成为杰出的人物。但要成为杰出人物，光是心高气盛还远远不够，必须从最低层的事情做起。在你还默默无闻不被人重视的时候，不妨试着暂时转移一下自己的物质目标、经济利益或事业目标，做好普通人、普通事，这样你的视野将更广阔，或许会发现许多意想不到的机会。

如果我们有埋头苦干、锲而不舍的精神，有在平凡中求伟大的品性，那么离成功也就不远了。要知道，在整个社会中，除了一些特殊的人从事特定工作之外，一般人的工作都是很平凡的。虽然是平凡的工作，但只要努力去做，和周围的人配合好，依然可以做出不平凡的成绩。

九层之台，起于垒土。不积跬步，无以至千里；不积小流，无以成江河。无论做什么事情，都是由点点滴滴的经验、点点滴滴的努力汇集而成。所以，真正懂得成功内涵的人，都不会放弃积累的过程。

# 天生我才必有用

你的命运隐藏在你自己的心里。

—— [德国]席勒

实际上，成功往往离青少年朋友只有半步之遥。然而这半步，有时却要你为之付出几年、十几年甚至几十年的努力才能跨越。不是大家没有能力，而是不相信自己有这个能力。很多青少年朋友生活在自卑中，总拿自己的弱点与别人的强项相比，却不愿对自己大喊一声"我能行"！

造物主创造世界万物时，他相信每一件事物都具有其存在的价值。在这个世界上只要找对了自己的位置，哪怕你只是一块不起眼的石头，总有一天也会发光、发亮。你要有足够的信心和毅力，并且要坚信"天生我才必有用"。

李海龙生下来的时候没有双臂，5岁时的一场车祸又夺走了他的左腿。这样，他的四肢只有一条右腿幸存。但父母从不让他因为自己的残疾而感到不安，积极培养他各方面的兴趣。

在一次收看残奥会转播节目时，他看到美国有个游泳运动员没有了一个手臂，却以近乎完美的表现夺得了冠军。顿时，小海龙萌生了学游泳，为国争光的念头。那年，小海龙才8岁。

但是教练却尽量婉转地告诉他，说他"不具备做游泳运动员的条件"，因为他只有一条腿，完成复杂的游泳运动近乎天方夜谭。最后他申请加入地方残联游泳队，并且请求教练给他一次机会。教练虽然心存怀疑，但是看到这个男孩子这么自信，对他有了好感，因此就收他为徒。

两个星期之后，教练对他的好感加深了，因为他似乎已经克服了自身的身体缺陷，可以在游泳池中做一些常规的动作，并且做得很到位。

11

小海龙一直坚持刻苦训练，别人练半小时，他就练1小时，因为他知道自己的先天条件太差，只能靠后天努力来弥补，而且他的目标是残奥会。

他一生最伟大的时刻到来了。那是残奥会的现场。在游泳比赛场馆里，各国选手一一就位，等待着发令哨响。海龙在工作人员的帮助下，站在起跳台上，面对着碧色的池水，他仿佛看到了五星红旗冉冉升起，《义勇军进行曲》在耳边回荡，他笑了。

出发了！只见海龙如一条梭鱼敏捷地跃入水中，奋力向前游。唯一的一条右腿掌握着平衡，由于没有手臂不能压水，他只能加快将头探出水面的频率，既为呼吸，也是用头与肩部代替了手臂，起到压水的作用。

海龙终于如愿以偿，他夺得了冠军。当他站在最高的领奖台上，残奥会主办方代表将金牌戴到他脖子上之前，他请求代表将奖牌放在自己唇边，他要吻一吻它。

"真令人难以相信！"有人感叹至深。李海龙只是微笑。他想起他的父母，他们一直告诉他的是他能做什么，而不是他不能做什么。他之所以创造这么了不起的纪录，正如他自己说的："天生我才必有用，我相信我能行。"

| |
|---|
| 克服自卑 |
| 正确全面地评价自己 |
| 正确表现自己 |
| 建立强有力的自信心 |
| 学会扬长避短 |
| 用脚踏实地的行动驱赶自卑 |

总是听到有人在耳边抱怨"生不逢时"，"千里马好找，伯乐难寻"，"现在的工作不能体现自己的价值"。而实际上，这些人总是忽略一些问题，他们是否将自己放在了正确的位置上，是否为自己创造了被伯乐相中的机会，还是仅仅安慰自己"天生我才必有用"而不去做出努力以改变现状？

如果你有"才"，就不要总是只把"天生我才必有用"挂在嘴边，而是要付诸行动，让别人看到你的闪光点，充分挖掘你的才能与潜质，相信你能做到最好。

# 本领二：终身学习
## ——每天学习一点点

　　知识是登上成功顶峰的垫脚石，学习在生活中的重要地位是不可替代的。在知识经济时代的今天，信息与社会在日新月异地变化。只有通过不间断地学习，为头脑"充电"，才能跟上时代的步伐，成为时代的领头人。

## 知识是登上成功顶峰的基石

　　一个人知道得越多，他就越有力量。

—— [苏联] 高尔基

　　在这个世界经济形势日新月异的时代，知识越发显得重要，通过终身学习来获取知识成为人们越来越爱讨论的话题。

　　不管你承认与否，在知识经济时代，"知识分子"注定要扮演各行各业的"主角"。他们把握时代脉搏，领导时代潮流，站在时代前列，渊博的知识、丰富的经验和超凡的能力是他们获取成功的资本。

英国唯物主义哲学家弗兰西斯·培根在《新工具》一书中提出了"知识就是力量"的著名论断，他写道："任何人有了科学知识，才可能驾驭自然、改造自然，没有知识是不可能有所作为的。"

随着社会的发展，知识的作用愈加重要，特别是知识经济已经来临的今天，可以说，知识不仅是力量，而且是最核心的力量，是终极力量。

对此，李嘉诚先生曾深有体会地说过，在知识经济的时代里，如果你有资金，但是缺乏知识，没有新的信息，无论何种行业，你越拼搏，失败的可能性越大；但是你有知识，没有资金的话，小小的付出都能够有回报，并且很可能获得成功。

所以说，人没有钱财不算贫穷，没有学问才是真正的贫穷。因为钱财的价值有限，而知识的价值无限。

有了知识积累，命运便会为你开启一扇幸运之门，使你一步步走向成功。

当年，华罗庚虽然辍学，但凭借对数学的热爱，他一直没有放弃学习，积累了许多数学知识，为他以后的发展和成功打下了坚实的基础。


一次华罗庚在一本名叫《学艺》的杂志上读到一篇《代数的五次方程式之解法》的文章，惊讶得差点叫出声来："这篇文章写错了！"于是，这个只有初中文化程度的 19 岁青年，居然写出了批评大学教授的文章《苏家驹之代数的五次方程式解法不能成立之理由》，并投寄给上海《科学》杂志。

华罗庚的论文发表后，引起了清华大学数学系主任熊庆来教授的注意。这位数学前辈以他敏锐的洞察力和准确的判断力认为：华罗庚将是中国数学领域的一颗希望之星！

当得知华罗庚竟是小镇上一名失学青年时，熊庆来教授大为震惊。熊庆来教授爱才心切，想方设法把华罗庚调到了清华大学当助理员。

进入这所蜚声海内外的高等学府，华罗庚如鱼得水。他一边工作，一边学习、旁听，熊庆来教授还亲自指导他学习数学。

命运再一次对这位努力不懈怠者展现了应有的青睐。到清华大学后的 4 年中，华罗庚接连发表了十几篇论文，自学了英文、德文、法文，最后被清华大学破格提升为讲师、教授。

华罗庚的事例说明，获取知识最直接、最有效的途径就是学习。学习，是明天最富革命性、创造性的生产力。新世纪的最大能量来自学习，最大竞争也在于学习。学习已经越来越具有主动创造、超前领导、生产财富和社会整合的功能。面对信息的裂变、知识的浪潮，"终身学习"是每个现代人生存和发展的基础。

| 学习的三条原则 |
| --- |
| 自觉性原则 |
| 主动性原则 |
| 独立性原则 |

终身学习，即离开学校以后靠自己的努力继续学习。这对青少年朋友的自学能力提出了挑战。"未来的文盲将不是那些不会阅读的人，而是没有学会怎样学习的人。"这绝非危言耸听之语。"自行学习、自我教育、自己管理自己"，这是现代人汲取知识的重要渠道，也是终身教育的重要形式。

自学能力的核心是想象力和创造力。这是一种能改天换地、塑造全新的自我的伟力。培养和训练创新的能力，要从青少年时代起步，养成质疑多思的习惯。在接受教育（包括课堂教学）时，不能只是个带着耳朵的听众，而要开动大脑这台机器，打破常规地思考、讨论、比较、鉴别，要积极主动参与教学过程，开掘创新思路。平时，在独立治学时，也要经常问几个为什么，启发思考和探索问题的积极性。

扫码获取更多资源

# 学习知识也要有所甄选

任何一种容器都装得满，唯有知识的容器大无边。

—— [中国] 徐特立

青少年朋友每天接触的知识千千万万，既有有益的，也有有害的；有需要的，也有不需要的；有全新的知识，也有过时的知识。青少年朋友在学习过程中要懂得甄选，学习有益于自己身心发展的知识。

试想，一个经常在阅读沉思中与哲人文豪倾心对语的人，与一个只喜爱读凶杀言情故事和明星花边轶闻的人，他们的精神空间是多么不同，显然是生活在两个不同的世界中。

在茫茫知识海洋中，青少年朋友要力求寻觅上乘之作、经典之作，要多读名著，多读"大书"。所谓经典名著、"大书"，都是经过了时间的沉淀和筛选。一些社会学家曾做过统计，其结论是：至少要横穿 20 年的阅读检验而未曾沉没，这样的著作方有资格称为经典、名著。

美国学者，《大英百科全书》董事会主席莫蒂然·J.阿德勒认为：所谓名著，必须具备 6 条标准。

(1) 读者众多。名著不是一两年的畅销书，而是经久不衰的畅销书。

(2) 通俗易懂。名著面向大众，而不是面向专家教授。

(3) 永远不会落后于时代。名著绝不会因政治风云的改变而失去其价值。

(4) 隽永耐读。名著一页上的内容多于一般书籍的整个思想内容。

(5) 最有影响力。名著最有启发教益，含有独特见解，言前人所未言，道古人所未道。

(6) 探讨的是人生长期未解决的问题，在某个领域里有突破性意义的进展。

读书各有妙法，许多学有专攻的人士，能读出个中滋味，读出门道。作家韩少功读书择优而读，择要而读，将自己有限的时间投于特定的求知方向，尽可能增加读书成效，给人以启示：他将书分为可读之书、可翻之书、可备之书、可扔之书4种。认为"勃发出思维和感觉的原创力，常常刷新着文化的纪录乃至标示出一个时代的高峰"，"作为人类心智的动力和光源"，对于每个人精神不可或缺的书，是可读的。这些书"透出实践的本质，不会用套话和废话来躲躲闪闪，不会对读者进行大言欺世的概念轰炸和术语倾销"，因而是值得读、值得细细品味的。大量的书则是不需细看，只需翻翻而已的，也有些书是备查的工具读物、参考资料。而对于那些被他看作是文化糟粕、一些丑陋心态和低智商的喋喋不休、信息污染的书，则均属可扔之列。

可读之书也要根据其对青少年朋友的价值大小分出层次，采用不同的方法来读。至于采用何种方法，则根据自己的需要自主选择。

读书大致分为4个层次。

**第一，浏览。**

浏览即以"一目十行"的速度翻阅大量书籍，了解概貌，是读书的初级层次。它能扩大阅读者的知识的横向接触面，可掌握新近的信息。通过浏览，可筛选知识，捕捉自己所需的资料信息，也可通过随便翻翻式的阅读，调节脑力、增益情趣。

**第二，通读。**

通读，是对全书的概览，以较少的时间，进行扫描式的阅读，以对全书的框架、主要观点、重点章节有个总体了解。一般读小说，是采取通读的方式。

**第三，精读。**

精读即是对自己需要加深了解的章节精研细读。对精读的部分有时要反复阅读，认真思考，并做笔记，力求将它变成自己的"血肉"。

**第四，研读。**

研读是读书最高层次。在这一阶段，将精读部分与以往获得的知识，或同类书籍进行比较研究，带着质疑的眼光品味书籍，进行评论，提出新的见解。

这种阅读更具创造性。能达到这一层次，就算读出味道、取到真经了。

现在，青少年可以获取知识的途径不只读书一项，网络也包含了各种各样的信息与知识。但是，由于网络的管理比较薄弱，里面的内容鱼龙混杂，有可用的，有不可用的，还有对青少年身心健康产生不良影响的知识，而这些知识往往又披着科学的外衣，青少年只要一接触它，它就会像瘟疫一样对青少年的头脑进行侵蚀。所以，青少年朋友更应该加以注意，懂得保护自己。不浏览不健康的网站，不参与不健康的讨论，让网络成为获取有用资源的净土。

# 学习要选用适合自己的方法

*读书使人充实，思考使人深邃，交谈使人清醒。*

—— [美国] 富兰克林

有许多青少年朋友常常抱怨："我读的书并不比 ××× 少，而且我回家还要继续学习到夜里 11 点才休息，可为什么我的收获没有他大呢？"实际上，如果你和他在其他方面的条件均相同或相近的话，那么只能说你没有找到适合自己的学习方法，以致浪费了很多时间，收益却不大。选择了科学的、适合自己的学习方法，方能立竿见影、事半功倍。

许多成功者创造的方法，青少年朋友或可直接"拿来"，或可结合自己的实际，加以改进和创造。如数学家华罗庚将书由厚变薄看作阅读能力提高标志的"厚薄法"；理学家朱熹读书的心到、眼到、口到的"三到法"；儒学家子思"博学之，审问之，慎思之，明辨之，笃行之"的"五步法"；学者陈善的"既能钻得进去，又能跳得出来"的"出入法"；孔子"学而不思则罔，思而不学则殆"的"学思结合法"；孟子"尽信书不如无书"的"独立思考法"；韩愈的"提要钩立法"；俄国生理学家巴甫洛夫的"循序渐进法"；哲学家狄慈根的"重复法"等。

史学家陈垣谈读书时，提倡读几本烂熟于心的"拿手书"，好似建立了几块治学的"根据地"。他自己就有一些经常翻阅的"拿手书"，对这些书他都熟读，有的内容还能背下来。

作家秦牧提倡读书将牛嚼和鲸吞结合起来，即每天吞食几万字的文章、书籍，再像牛的"反刍"，反复多次、细嚼慢咽。王汶石创造了对代表作要 3 遍读的读书法。即第一遍通读，尽享作品之美，让自己沉醉其间；第二遍是"大拆卸"，仔细考查每一部分的特色、优劣及写作技巧；第三遍又是通读，获得对写作技巧的完整印象。

著名学者朱光潜实践的边读书边写作法，夏丏尊认为"由精读一篇向四面八方发展"的读书法，李平心的随时"聚宝"勤做研究的方法，都是一种创造。

大凡成功者读书的方式都与众不同，青少年朋友可以学习一些他们积累知识的方法。

**第一种：善诵精通。**

郑板桥不但是"康熙秀才、雍正举人、乾隆进士"，还是中国清代著名画派"扬州八怪"的领袖人物。

郑板桥有三绝、三真。三绝分别是画、诗、书，三真分别是真气、真意、真趣。

郑板桥在读书的学以致用之中总结出了"善诵精通"的读书方法，他认为读书必须有方法，必须要记诵。他曾这样描述过他读书时的情景："人咸谓板桥读书善记，不知非善记，乃善诵耳。板桥每读一书必千百遍，舟中、马上、被底，或当食忘匕箸，或对客不听其语，并非自忘其所语，皆记书默诵也。"

郑板桥不仅主张善诵，而且推崇"学贵专一"，即读书不能泛泛而读、毫无目的，而应该有选择、有针对性。

因此，青少年朋友可以从郑板桥的读书方法中得出这一宝贵经验：

| 学习三法则 |
| :---: |
| 多读书，注意基础 |
| 多思考，注意理解 |
| 多重复，温故而知新 |

在记诵时讲究"善"与"精"两个字。

**第二种：追本求源。**

著名的作家、学者钱钟书先生也是一位爱书之人，他从小就酷爱读书，被世人称为"书痴"。

钱钟书的读书方法是"追本求源读书法"。"追本求源读书法"就是在读书时发现问题后，与多种读物相联系，经过详细的分析、比较、求证之后，求得一个能解决问题的读书方法。

**第三种："四多"方案。**

毛泽东十分喜爱读书。毛泽东经常教导他身边工作的人：饭可以少吃，觉可以少睡，书可不能少读啊。

毛泽东读书有个"四多"的习惯，即多读、多写、多想、多问。

多读。所谓多读，一是指读的书数量多、内容广；二是指对有价值的文献书籍读的次数多，以至熟记于胸。毛泽东读过的一些散文和诗词，经常能读到脱口背诵的程度。

多写。毛泽东认为不动笔墨不读书。毛泽东认为做笔记、写随感等也是读书的重要方法。

多想。多想是指读书时不仅要准确把握作者的思想，同时也要将自己的观点以及对书的一些看法用笔"谈"出来，似乎与作者切磋一般。这种"笔谈"使读书变成了反复思考的过程。

多问。毛泽东青年时代就养成了勤学好问的习惯，他认为：学问，讲的就是既学又问。他经常请教很多学者，并亲自到人家里求教，发问不已。

也许你可以从上面所说的方法中找到一个最适合自己的，但更多的时候你会发现生搬硬套别人的学习方法到自己这里就行不通了。这时，你就要对这些方法做适当调整、修改，使之更适合自己，为自己服务。

# 尝试用各种方式为头脑"充电"

> 人所接受的知识是从周围事物中得来的，其中主要是从离他最近的前辈们的教导中得来的。
>
> —— [美国]欧文·华莱士

在瞬息万变的现代社会，各种知识更新极为迅速。如果青少年朋友只满足于已经掌握的那点知识而不能与时俱进地吸收新的信息、新的知识，不能利用各种手段为头脑"充电"，那么终究有一天会被社会淘汰。不想被淘汰，那就行动起来吧。

相信你最先想到的方法就是读书。古人说"读书破万卷，下笔如有神"，可见大量地读书，尤其是读好书对个人会有很大的益处。

世界上没有天才，非学就无以成才，读书无疑是知识积累的最好方法，书是人类的精神食粮，也是成大事者的必备之物。

"天下才子必读书"这似乎已是一条规律，不知你是否注意过下面这些情况，它们或许可以让你对这一规律理解得更深刻。

当我们研究成功人士的事业时，常常发现他们的成功一直可以追溯到他们拿起书籍的那一天。

在我们接触过的成功人士之中，大多数都酷爱读书——自小学开始，经由中学、大学，以至于成年之后。

书虽然是一种没有声音的东西，但是它对人类的影响却是非常深远的，如果你经常阅读各行业成功人士的传记或者是自传，进行了认真地思索，你就有可能从中找出适合自己的成功之路来。

俄国著名的学者赫尔岑说过："书是和人类一起成长起来的，一切震撼智慧的学说，一切打动心灵的热情都在书里结晶形成；书本中记述了人类生活宏大规模的自由，记述了叫作世界史的宏伟自传。"

书籍蕴含着千百年来人类的智慧与理性，正因为其中的人性之处，才使得一些书伟大，灿然有光。

书籍是一种工具，它能在黑暗的日子鼓励你，使你大胆地走入一个别开生面的境界，使你适应这种境界的需要。

阅读习惯是一种文化素质，是国民尤其是国家未来的建设者——青少年素质中的一个重要组成部分。

在日常生活中，常常可以听到一些人说"我爱好读书"。能把读书作为一种爱好，比起不喜欢读书来说是一大进步，但这还远远不够。我们不能把读书和看球赛、玩扑克、赏花草一样，当作一种纯粹的消遣去满足，或当作一种雅兴去炫耀，而应使之成为一项生活的内容，一种生命的需要。读书，就像给精神补充养分一样，是保持身心健康的需要，是改变命运的需要，是自我实现的需要。

著名作家蒋子龙先生说："书是可以随身携带的大学。"读书不但可以获取知识，而且可以懂得做人的道理。但是，读什么书，什么时间读书，怎么读书，怎么处理好读书与生活、学业的关系，这些问题要是解决不好，可能会给青少年朋友的学习、生活甚至整个人生带来不良影响。所以，大家不但要重视阅读，还要做一个聪明的阅读者。

你是不是一个聪明的阅读者呢？有没有养成读书的习惯呢？

在现实社会中，青少年朋友要养成读书的习惯，说难也难，说易也易。难者大多强调"学习繁忙"，"没有时间"，正如鲁迅讽刺过的一些人那样，"有病不求药，无聊才读书"，甚至无聊也不读书。这种人要想养成读书的习惯确实会很难。其实，如今我们都有较为充足的空闲时间：双休日、节日长假、课外时间……看几页书的时间每日都有，就看你用不用在读书上。只要经常有计划、下意识地拿起书来阅读学习，并且日复一日地坚持下去，久而久之，读书习惯也就自然而然地养成了。

如果认为获取知识只有读书一条途径，那么就大错特错了。其实在现代社会，人们获得知识的渠道十分广阔。比如电视，不管人们对传媒作品的质量如何评价，它们都是我们文化环境的组成部分。电视已成为人们生活中最主要的信息来源之一。电视可以作为一种娱乐消遣的手段，使人们在轻松愉悦的情绪状态下观察社会、扩展视野、获取知识。

另外，互联网也无疑为学习提供了巨大的资源。互联网是一种利用计算机从全球成千上万台计算机获取信息的工具，是一个能使每个人进入到浩瀚的信息海洋尽情畅游的天地。这些信息包括文字、图表、声像资料、软件等。这些信息实际上包容了所有可想象的客观对象，它们是由图书馆、博物馆、政府机构、公司、大学、研究机构和许多其他机构及个人提供的，里面有许多有价值的资料。

除去以上所说的有形的学习资源，其实在我们身边还有一个无形的、却无时无刻不在影响我们的、内容极为丰富的知识库——社会。

有人说，我们的社会、我们的生活是无时不在书写的一本"无字书"，比喻可谓贴切至极。

古人曰："读万卷书，行万里路。"意思是说人要有较多的知识和丰富的阅历，也是要人们能理论联系实际，善于利用知识处理各种事情。丰富的阅历也是成大事者不可缺少的资本，特别是青少年，阅历一般较少，这就要求我们不但要注意书本知识，也要注重生活、社会中的知识积累。

有诗云："纸上得来终觉浅，绝知此事要躬行。"读书学习获取知识诚然重要，但实践获真知也是必不可少的。

通过阅读"有字之书"，你可以学习前人积累的知识、前人的经验，并从中取得借鉴，避免走岔道、走弯路；通过读"无字之书"，你可以了解现实，认识世界，并从"创造历史"的人那里学到书本上没有的知识。

◎要尝试用各种方法为自己的头脑"充电"，以免关键时刻断电。

23

如果你想尽快、尽好地读通读透"有字之书",并取其精华、去其糟粕,把"死书"读成活书,就要善于读"无字之书"。

"用自己的眼睛去读世间这一部活书","倘只看书,便变成书橱,即使自己觉得有趣,而那趣味其实是已在逐渐硬化、逐渐死去了"。

重视"读世间这一部活书"——读"无字之书",也是大文豪鲁迅的主张。

鲁迅少年时代有很长一段时间在农村度过,而且也乐于与农村少年为友,喜欢到农村看社戏,所以他从农村少年、农村社戏中了解了很多农村生活,也因此增长了不少见识,他后来创作的《故乡》、《社戏》等短篇小说的生活素材都是在那时积累的。

鲁迅针对当时的社会弊病,写了许多杂文。如果鲁迅不注意读社会现实这部"无字之书",只知闭门做学问,他又怎么会从中看出"世人的真面目"?

"无字之书"内容丰富、含义深刻,需要青少年朋友用较长时间甚至一生来阅读。

读"无字之书",最好在缤纷的"社会大学"中读,唯有如此,才能读得通透。

凡是读过高尔基的《我的大学》的人都会知道,这位大文豪只上过 5 年学,但他把投身于"社会"认为是在上"大学"。

这个苦难的学徒工在"社会大学"里做过厨工,卖过苦力,饱尝了沙俄黑暗统治的辛酸。不过,他在流浪漂泊之中读了很多"无字"的"活书",学到了很多知识。

高尔基在社会的底层对自己的人生有了深刻的认识,对自己的祖国有了深刻的认识,这也增强了他对社会的浓厚感情。他从伏尔加河码头的搬运工那儿学到了劳动的习惯,从流放的政治犯那儿学到了精神上的鼓舞,从面包师那儿学到可贵的人生哲学。

从"社会大学"中读"无字之书"所获得的一切,为他日后创作"有字之书"提供了无限的源泉。

这在高尔基的自传三部曲——《童年》、《在人间》、《我的大学》中已得到了充分体现。

获取知识的途径多种多样，也许你还有其他方法，那么就请你继续坚持，同时，你还可以将你的好方法讲出来与朋友分享，让大家共同进步。

# 学习切忌浅尝辄止

学习不仅是明智，它也是自由。知识比任何东西更能给人自由。
——［俄罗斯］屠格涅夫

学习贵在坚持，切忌浅尝辄止。在学习的过程中你应保持旺盛的精力，并且要有不畏困难、坚持不懈的毅力，才能够学习到真本领，才能够在成长的路途中学有所成，最终获得成功。

音乐系的陈明走进练习室。在钢琴上，摆着一份全新的乐谱。

已经3个月了！自从跟了这位新的指导教授之后，他不知道为什么教授要以这种方式整人。

陈明勉强打起精神，开始用十指奋战……琴声盖住了练习室外教授走来的脚步声。

指导教授是位很著名的钢琴大师。授课第一天，他给自己的新学生一份乐谱。"试试看吧！"他说。乐谱难度颇高，陈明弹得生涩僵滞、错误百出。"还不熟，回去好好练习！"教授在下课时，如此叮嘱学生。

陈明练习了一个星期，第二周上课时正准备让教授验收，没想到教授又给了他一份难度更高的乐谱，"试试看吧！"上星期的课，教授也没提。陈明再次挣扎，向更高难度的技巧挑战。

第三周，更难的乐谱又出现了。同样的情形持续着，陈明每次在课堂上都被一份新的乐谱所困扰，然后把它带回去练习，接着再回到课堂上，重新面临两倍难度的乐谱，却无论如何也追不上进度，一点也没有因为上周的练习而有驾轻就熟的感觉，因此，越来越感到不安、沮丧和气馁。

教授走进练习室。陈明再也忍不住了。他必须向钢琴大

⊙学习最忌浅尝辄止。

师提出这 3 个月来何以不断折磨自己的质疑。

教授没有开口，他抽出了最早的那份乐谱，交给陈明。"弹奏吧！"他用坚定的目光望着陈明。

不可思议的结果出现了，连陈明自己都惊讶万分，他居然可以将这首曲子弹奏得如此美妙、精湛！教授又让他试弹第二堂课的乐谱，他依然发挥出超高水准的表现……演奏结束后，陈明怔怔地望着老师，说不出话来。

"如果我任由你表现自己最擅长的部分，可能你还在练习最早的那份乐谱，就不会达到如今这样的水平……"钢琴大师缓缓地说。

可以说，陈明的老师在训练他时是有良苦用心的。但是，如果陈明面对"难度超高"的乐谱知难而退、不再进一步学习，那么他的水平也只能停留在最初的那个水平，而不会有丝毫进步。然而，他达到了老师预想的效果，不能不归功于他坚持不懈的努力。虽然起初他不了解老师的用意而颇感疑惑，但他并没有停留在疑惑上，而是按照老师的要求"回去好好练习"，才取得了后来的成绩。

所以，青少年朋友，不要对学习中的困难轻易说放弃。相信自己，只要坚持，就能成功。

# 本领三：不错过任何一个机会

## ——捕捉稍纵即逝的机遇

**哈佛告诉你**

人生因机遇而熠熠生辉，正是抓住了一次次机遇，人生的梦想之花才能绚丽地盛开在现实的花园中。机遇的降临，宛如鲤鱼越过龙门，鸟儿飞上枝头变成凤凰。抓住了机遇，等于成功了一半。

## 机遇出现时你应一眼认出它

在任何人面前，多少总是有机会的，问题在于是你去抓住它，还是不去抓住它，这就是人生的十字路口。

—— [日本]德田虎雄

机遇出现时的面貌各种各样。曾有人用 5 种物品来形象地比喻机遇的特点。

### 急遽的闪电

机遇的持续时间极短，犹如白驹过隙。稍纵即逝，这一时刻造就了机遇，但过几分钟、十几分钟，机遇又消失得无影无踪。有时机遇来临，你不去好好把握，转瞬间为别人获取，此时你后悔已迟。加之人人盼望机遇，它一出现，人们便蜂拥而上，很容易被快手抢去，你稍迟疑，机遇便与你无缘。

### 矜持的公主

机遇犹如美丽聪慧而又矜持的公主，羞答答地等待着心目中的白马王子到她门前求婚，而不会大大方方地自动送上门来。机遇是等不来的，而是需要你付出十分的热情和进取心去追求、去争取、去创造。对于那些不愿脚踏实地去努力的人来说，机遇永远是可望而不可即的；而那些勤奋努力，从不虚度年华的人，才会赢得机遇公主的芳心。

### 公正的法官

机遇犹如法官，对于任何人都是公正的，无论男人、女人、富人、穷人、美人、丑人、健康的人或是残疾的人，在它的眼里一律平等，谁都可以拥有它。但它只为那些做着积极准备的人服务。谁具备了掌握机遇的条件，机遇就会来到谁身旁，听候他的差遣。

### 自由的空气

机遇像空气那样，充满了社会大舞台的每一个角落，从学校到商场，从领导机关到基层工作岗位，从战舰甲板到卫兵岗哨，从三尺讲台到菜地猪圈，处处都有机遇的身影。你只要做个有心人，无论在什么岗位上都能获得机遇、走向成功。说机遇是自由的空气，还因为你得到的机遇，并非永远跟定你，你稍不留神，机遇就会像空气一样在你手中散失。大家知道，机遇与挑战并存。得到机遇的人不一定就能获取成功，还需要你付出更多的汗水和智慧，去迎接挑战，从而牢牢地把握机遇。

### 稀有的物资

虽然机遇俯拾即是，处处都有，但具体到个人，却是非常稀少的。面对林林总总的机遇，由于自身的种种限制，很多的机遇不适合你，你只能眼睁睁地看着机遇从身边溜走。或是由于性格、心理上的弱点，使你看不见机遇，即使看到，也不愿或不敢去争取，或者没有足够的条件去发掘机遇。

机遇出现的时候，你是否有慧眼认出它，这是很重要的。这往往决定了你能否成功。

机遇有时已经出现了，就在你的眼前，它向你递上橄榄枝。遗憾的是，你不知道这就是你找寻已久的机遇，你向它摆摆手，拒绝了它。机遇只能无奈地去找寻另外一个能够认出它的人。当你猛然觉醒，它已走得很远很远，或者已经为别人所有，那时的你，后悔莫及，欲哭无泪。

可惜的是，并不是所有的人都明白这个道理，并不是所有的人都相信机遇能改变自己的一生，能够让自己一夜成名。于是他们在机遇来临的时候，无法认识那就是机遇，更无法谈到利用机遇来改变自己命运了。

要想抓住机遇，首先要练就一双慧眼，以便在机遇来临时，能一眼认出它。这就需要青少年朋友在平时培养良好的洞察能力。当然，首先你要明白自己想做什么，有了明确的目标，才会自觉地去寻找机遇，对机遇的敏感度才会提高。这样，就不会担心机遇在自己面前溜走了。

牛顿不放过苹果落地、伽利略不忽视吊灯摆动、瓦特研究烧开水后的壶盖跳动……这些都是司空见惯的现象，但是过人的洞察力使他们看到了常人看不到的东西，从而有所发明或发现。在日常生活中，常常会发生各种各样的事，有些事使人感到惊奇，引起多数人的注意；有些事则平淡无奇，许多人漠然视之，但这并不排除它可能包含重要的意义。

一个有敏锐洞察力的人，能够从日常生活的细微之处发现不平凡之事。19 世纪的英国物理学家瑞利从日常生活中观察到端茶时，茶杯会在碟子里滑动和倾斜，有时茶杯里的水也会洒出一些；但当茶水稍洒出一点弄湿了茶碟时，茶杯则不易在碟上滑动。他对此做了进一步研究，做了许多类似的实验，结果发现一种求算摩擦的方法——倾斜法，他因此获得了意外的惊喜。

富尔顿 10 岁时，和几个小朋友一起去划船钓鱼。富尔顿坐在船舷上，他的两只脚下意识地在水里来回踢着。不知什么时候，船缆松了扣，小船漂走了。富尔顿没有忽视这种生活中的小事，他发现自己的两只脚起了船桨的作用。富尔顿长大以后，经过刻苦的学习和研究，终于制造出世界上第一艘真正的轮船。

《致富时代》杂志上，曾刊登过这样一个故事：有一个自称"只要能赚钱的生意都做"的年轻人，在一次偶然的机会，听人说市民缺乏便宜的塑料袋盛垃圾，立即就进行了市场调查。通过认真预测，他认为有利可图，马上着手行动，很快把价廉物美的塑料袋推向市场。结果，靠那条别人看来一文不值的"垃圾袋"的信息，两星期内，这位小伙子就赚了 4 万元。

被称为"东方犹太人"的温州人，经商本领全国有名。他们涉足社会各个行业，且都有所成就。人们一直想探究他们的"生财之道"，殊不知敏锐的洞察力就是他们制胜的法宝之一。当欧盟最后决定推行使用欧元时，全球更多的人是在旁观，有人还在讨论欧元的前途如何。而温州人却已经测量了欧元的尺寸、样式，在加紧赶制专门用来装欧元的钱夹子，而这正是推行欧元后欧盟民众都需要的。欧元被推行之时，温州人做的钱夹子立刻占领了欧盟市场。温州人的洞察力又一次赢得了一个广阔的市场空间。

英国有一个叫弗兰克的青年，从小立志创办杂志。一天，弗兰克看见一个人打开一包纸烟，从中抽出一张纸条，随即把它扔到地上。弗兰克弯下腰，拾起这张纸条，那上面印着一个著名女演员的照片。在这幅照片下面印有一句话：这是一套照片中的一幅。烟草公司敦促买烟者收集一套照片，以此作为香烟的促销手段。弗兰克把这个纸片翻过来，注意到它的背面竟然完全是空白。弗兰克感到这儿有一个机会，他推断：如果把附装在烟盒子里的印有照片的纸片充分利用起来，在它空白的那一面印上照片上的人物的小传，这种照片的价值就可大大提高。于是，他就找到印刷这种纸烟附件的平板画公司，向这个公司的经理推荐他的主意，最终被经理采纳。这就是弗兰克最早的写作任务。后来，他的小传的需要量与日俱增，以致他得请人帮忙。他于是要求他的弟弟帮忙，并付给他每篇5美元的报酬。不久，弗兰克还请了5名报社编辑帮忙写作小传，以供应平板画印刷厂。弗兰克竟然成了编者！最后他如愿以偿地做了一家著名杂志的主编。

弗兰克有自己的理想，也就不轻易放过任何一个实现理想的机会。当一个机遇出现时，哪怕它微不足道，令人不屑一顾，弗兰克也会认出这是上天赐给他的机遇，他认出了它、抓住了它，最后成功了。

类似的故事还有很多，但青少年看故事不能再像小孩子一样只是"听"故事，"看"热闹，而应该有自己的思想。能够从小的故事中看到大的道理，并将这一道理应用于自己的实践，才应该是看故事的最终目的。

你们有没有体会到，故事实际上也是一种机遇？从故事中得到启发，从而改变自己的思维方式和行为方式，使之终身有益，这就意味着你已经抓住了这个机遇；如果看过后随手丢弃一旁，脑中毫无印象，没有受到一点启发与影响，那么，只能很遗憾地告诉你：你错过了一次很好的改善自我的机会。

希望青少年都能做善于识别机遇的聪明人。

# 机遇来临时你要一把抓住它

> 凡是认识到的便要赶快把握，就这样来把尘世的光阴消遣；即使妖魔现形，也不改其道。
>
> ——［德国］歌德

机不可失，时不再来，这是一个浅显而深刻的道理。抓住了机会，我们就可以乘风破浪，越上成功的巅峰。如果错失了机会，我们就可能让唾手可得的成功擦肩而过，因而懊悔不已。成功学大师卡耐基曾不无感慨地说："在某种意义上，时机就是一种巨大的财富。"英国人托·富勒也说："抓住机遇，就能成功。"世界著名的石油大王洛克菲勒在谈到他的创业史时，也只说了一句话："压倒一切的是时机。"

在实践活动中，如果你能在时机来临之前就识别它，在它溜走之前就采取行动，那么，成功之神就降临了。

每个人都是自己命运的设计师，每个人都是自己命运的建筑师。可以说，人一生的命运就是由一连串的机遇联结而成。自己的一生是否精彩，关键在于能否抓住这些机遇。

机遇是有情的，你抓住它，它就陪伴你一步步走向成功；机遇是无情的，你稍有疏忽，它便匆匆弃你而去。

也有人把机遇称为运气，不管称谓如何，有一点是肯定的，善于利用机遇比怨天尤人更为有益。

⊙机遇转瞬即逝，稍有迟疑就会与它失之交臂。

机遇与青少年的发展休戚相关。机遇是一个美丽而性情古怪的天使，倏尔降临在你身边；如果你稍有不慎，它又将翩然而去，不管你怎样扼腕叹息，都将杳无音讯，不再复返了。

在这方面，比尔·盖茨堪称青少年朋友学习的楷模。正是由于他和艾伦善于抓住难得的机遇，才使自己的事业获得巨大成功。

比尔·盖茨的父母要盖茨专心读书，以便毕业后找到理想的工作，不让他办公司。最初，盖茨顺从了父母的意愿，去哈佛大学刻苦攻读。但是他感兴趣的还是办公司，于是，他和艾伦开始收集资料。

盖茨和艾伦通过长时间的资料收集和认真思考，确信计算机工业的触角即将伸向市场核心力量——广大的民众。当这一点真正实现时，就会引发一场意义深远的技术革命。他们正处在历史即将发生巨变的关键时刻。正像汽车和飞机发展史上曾经历过的那种关键时刻，他们预见计算机必将走进千家万户。

"计算机的普及化势必到来。"艾伦不停地对盖茨重复这一点。他们如果不能顺应甚至领导这一场计算机革命，就只能被这一革命抛到后面去。由于清醒地意识到了这些，所以盖茨决定开办自己的计算机公司。

当时，艾伦不停地说："让我们开始创办计算机公司吧！让我们开始干吧！"盖茨回忆说："保罗看见技术条件已经成熟，正等着人们去加以利用。他老是说，再不干就迟了，我们就会失去历史赋予我们的机遇。我们将遗憾终生，甚至被后人责备。"

于是，他们考虑制造自己的计算机。艾伦对计算机硬件感兴趣，而盖茨则对计算机软件情有独钟，他认为软件才是计算机的生命。

很快，艾伦和盖茨放弃了自己动手试制新型计算机的念头。他们决定还是紧紧抓住他们最熟悉的东西——计算机软件。

"我们最终认为搞硬件容易亏损，不是我们可以去玩的艺术，"艾伦说，"我们两人的综合实力不在这上面。我们注定要搞的是软件——

计算机的灵魂。"

盖茨和艾伦创办了微软公司，并取得了辉煌的成就。事实证明，这一切都是他们善于抓住身边的机遇的结果。

盖茨和艾伦看到了面前的机遇，并且牢牢地抓住了它，为此，他们甚至不惜停止了学业。

青少年朋友，时机的把握极有可能决定你是否有所建树，那么你们应该做的就是：抓住每一个可能带来成功的机会。

# 机遇之花需要汗水来浇灌

弱者等待时机，强者创造时机。

——[法国]居里夫人

有人说过，机遇是一位神奇的、充满灵性的，但性格怪僻的天使。它对每一个人都是公平的，但绝不会无缘无故地降临。只有经过反复尝试，多方出击，才能寻觅到它。

在成功的道路上，有的人不喜欢尝试，不愿走崎岖的小道，遇到艰辛或绕道而行，或望而却步，他们也就常与机遇无缘。而另一些人，总是很有耐性，尝试着解决难题，不怕艰难险阻，结果恰恰是他们能抓住不可复得的机遇。

机遇不会白白地降临，只有用汗水去不懈地辛勤浇灌，才能使机遇的花朵为你绽放。

"天下没有免费的午餐"，"有付出才能有回报"。这些至理名言都在告诉我们，想要抓住机遇，想要获得成功，就要勤奋地去努力、去付出。

勤奋进取不仅是一种精神，更是人们落在实处的行动。一生之计在于勤，这是中国人的祖先遗训。人生态度千差万别，但概括起来不外乎3种：勤快，及时努力；随便，随遇而安；懒散，及时快活。第一种自然是值得肯定的人生态度。伟大诗人李白少年贪玩，是老婆婆"只要功夫深，铁棒磨成针"的教诲，促使他发奋苦读，学问大进。西晋时的刘琨、祖逖"闻鸡起舞"，这也是一种勤奋。《出师表》中说的"鞠躬尽瘁，死而后已"更是概括了诸葛亮以勤自勉的人生。

勤奋是通往成功路上的助推剂，这是世界上的通用法则，没有古今中外之分。

很多人喜欢看NBA的夏洛特黄蜂队打球，但令人想不到的是，这个队的1号队员博格斯身高却仅有160厘米！

这样的身高，即使在东方人里面也算矮个子，更不要说是在身高2米都嫌矮的NBA球队了。

是博格斯机遇特别好吗？不是，小个子博格斯之所以能成为NBA的球员，完全归功于他自己的百倍努力。

据说博格斯不仅是现在NBA里最矮的球员，也是NBA有史以来创纪录的矮子。但这个矮子可不简单，他曾是NBA表现最杰出、失误最少的后卫之一，不仅控球一流，远投精准，甚至在巨人阵中带球上篮也毫无所惧。

博格斯是不是天生的篮球好手呢？当然不是，而是意志与苦练的结果。

博格斯从小就长得特别矮小，但却非常热爱篮球，几乎天天都和同伴在篮球场上打球，当时他就梦想有一天可以去打NBA，因为NBA的球员不只待遇高，也享有风光的社会地位，是所有爱打篮球的美国少年最向往的梦。

每次博格斯告诉他的同伴："我长大后要去打NBA。"

所有听到的人都忍不住哈哈大笑，甚至有人笑倒在地上，因为他们认定一个160厘米的矮子是绝没有可能打NBA的。

他们的嘲笑并没有阻断博格斯的志向。他用比一般人多几倍的时间练球，终于成为全能的篮球运动员，也成为最佳的控球后卫。他充分利用自己矮小的"优势"，行动灵活迅速，像一颗子弹一样，运球的重心最低，不会失误；个子小不引人注意，抢球常常得手。

现在博格斯成为有名的球星了，他说："从前听说我要进 NBA 而笑倒在地上的同伴，他们现在常炫耀地对人说：'我小时候是和黄蜂队的博格斯一起打球的。'"

博格斯虽然个子矮小，却凭着一股韧劲和勤奋的努力，实现了常人认为不可能实现的理想。青少年朋友，你的身边也存在着许许多多机遇，只是你现在存在这样或那样的不足，但你绝不能轻易对自己说"我不行"。为了实现愿望、达到目标，就一定要努力，要付出辛苦和汗水。只有这样，机遇才不会从你身边跑掉，你才有可能获得最后的成功，就像博格斯一样。

青少年朋友都读过很多伟人的故事，都深深地了解所罗门在几千年前所说的那句话的含义："你见过工作勤奋的人吗？他应该与国王平起平坐。"孜孜不倦的富兰克林用他的一生对这句话做了最好的诠释，他曾经与 5 位国王平起平坐，曾经与两位国王共进晚餐。

那些善于利用机会的人在发现机会与把握机会的时候如同撒下了种子，终有一天，这些种子会生根、发芽、结果，给他们自己或是别人带来更多的机会。每一位一步一个脚印、踏踏实实工作的人其实正在离知识与幸福越来越近，可供他们选择的道路也越来越宽、越来越平坦、越来越容易往前走。这些道路其实向所有的人都是敞开的，无论是对头脑冷静、生活节俭、年富力强的机械师，还是对刻苦认真的学生；无论是对谨慎细致的公务员，还是对兢兢业业的公司职员。

懒惰的人总是抱怨自己没有机会，抱怨自己没有时间；而勤劳的人永远在孜孜不倦地工作着、努力着。有头脑的人能够从琐碎的小事中找到机会，而粗心大意的人却让机会轻易地从眼前飞走了。

　　无数的成功经验告诉青少年朋友：每一个新的时刻都能给人们带来许多未知的机遇，一个聪明的人，只要把握住这些"未知的机遇"，就能够在实现人生目标进程中取得成功。

　　那些能拼能赢者不会等待机遇的到来，而是寻找并抓住机遇、把握机遇、征服机遇，让机遇成为服务于他的奴仆。换句话说，任何机遇都可以是他们手中的"金钥匙"。

# 机遇只偏爱有准备的头脑

> 一个明智的人总是抓住机遇，把它变成美好的未来。
>
> —— [美国]托·福勒

　　现代社会是一个充满竞争的社会，既向人们提出了挑战，同时也为人们提供了实现目标的良好机遇。生活在现代社会中的人是幸福的，切不可放过身边美好的机遇。

　　爱因斯坦曾说过："机遇只偏爱有准备的头脑。"这里的"准备"主要有两方面的内容：一是知识的积累。没有广博而渊深的知识，要发现和捕捉机遇是不可能的。二是思维方法的准备。只具备知识，而没有现代思维方式，就看不到机遇，只好任凭它默默地从你身边溜走。

　　有许多发现和发明看起来是纯属偶然，其实，仔细探究就会发现，这些发现和发明绝不是偶然得来的，也不是什么天才灵机一动或凭运气得来的。事实上，在大多数情形下，这些在常人看来纯属偶然的事件，不过是从事该项研究的人长期努力思考、实践的结果。人们常常引用苹果落在牛顿脚前，使他发现万有引力定律这一例子来说明偶然事件在发现中的巨大作用。但人们却忽视了一点：多年来，牛顿一直在为重力问题苦苦思索、研究。在这一漫长的过程中，牛顿思考了该领域内的许多问题及其相互之间的联系，可以说，关于重力问题的一些极为复杂深刻的问题他都反复思考推敲过。苹果落地这一常见的日常生活现象为常人所不在意，却激起牛顿对重力问题的理解，激起他灵感的火花，并进一步做出异常深刻的解释，很显然，这是因为牛顿对重力问题已有了深刻的理解。因此，成千上万个苹果从树上掉下来，却没有人能像牛顿那样引发出深刻的定律。同样，从普通烟斗里冒出来的五光十色像肥皂泡一样的小泡泡，这在常人眼里就跟空气一样普通，当然也很少有人去研究这一现象，但正是这一现象使杨格博士创立了著名的光干扰原理，并由此发现了光衍射现象。伦琴在实验时，从手骨图像中，发现了 X 射线。耐克鞋受人喜爱，一部分归功于采用了"华夫糕式"鞋底，使鞋子变得轻巧美观。这项设计上的革新是来自于鲍夫曼，他说："那天我看见妻子的蛋奶烘饼烤模，想到鞋底也可以做成华夫糕模样。"

以上这些人平时都既有知识的积累，又具备灵活的思维方式，否则，也会像李比希错过发现新元素溴一样，抱憾终生。人们总认为伟大的发明家总是探讨一些十分伟大的事件或伟大的奥秘，其实像牛顿和杨格以及其他许多科学家都是在研究一些极普通的现象，他们的过人之处在于能从这些人所共见的普遍现象中揭示其内在的、本质的联系。而这些过人之处正是源于他们曾经做过的努力。他们的头脑被自己做过的研究充满了，一个偶然的机遇才能立刻激起他们的灵感，从而有了伟大的发明或发现。

所罗门说过："智者的眼睛长在头上，而愚者的眼睛是长在脊背上的。"心灵比眼睛看到的东西更多。那些没头没脑的凝视者只能看到事物的表象。只有那些富有理解力的眼光才能穿透事物的现象，深入到事物的内在结构和本质之中去，他们才能看到差别，进行比较，抓住潜藏在表象后的机遇。

客观来讲，机遇的产生和利用需要有良好的社会环境，如自由的科研氛围，平等的择业、工作机会，良好的家庭环境和教育程度等。机遇的产生既有偶然性，也有必然性。比如，哥伦布发现新大陆是偶然的，但是，按照他所设计的航线，必然到达美洲，而不能到达印度和中国。只有捕捉住机遇，才能使机遇由可能性向现实性转化。

青少年朋友在客观条件既定的情况下，就要发挥主观能动性，牢固地掌握科学文化知识，以充实的头脑和饱满的精神状态去迎接机遇、迎接挑战。

# 机遇喜欢那些愿意"多付出一点点"的人

一个人非常重要的才能在他善于抓住迎面而来的机会。

—— [法国] 蓬皮杜

我们说机遇对每个人都是公平的，但有时又感觉它好像"不怎么公平"，因为它总是对喜欢索取的人十分吝啬，你越想着索取，越是什么也得不到；而对乐于付出的人则十分慷慨，你付出越多，得到的也就越多。

| 如何把握机遇 |
| :---: |
| 认清自我及自我所处的环境 |
| 进行自我反思 |
| 完善自我，机遇来时有所准备 |
| 培养乐观的情绪 |

青少年朋友如果多读一些名人传记，就会发现很多成功人士与他的同龄人相比，并没有多少出众之处，甚至会有这样那样的缺憾。然而他们能够从芸芸众生中脱颖而出，往往是因为他们比别人多付出了一点点，从而赢得了走向成功的机遇。

美国著名汽车制造公司——福特汽车公司，是以福特的名字命名的。当年福特大学毕业以后，到一家汽车公司应聘，和他同时去应聘的3个人学历都比他高。他觉得没有什么希望了，但仍想尝试一下。于是，他便敲门走进董事长的办公室。一进办公室，他发现地上有一张废纸，就弯腰把它捡了起来，顺手把它丢进了废纸篓里，然后走到董事长的办公桌前，说："我是来应聘的福特。"董事长对他说："很好，很好，福特先生，你已经被我们录用了。"福特感到意外，董事长说："前面3位的确学历比你高，而且仪表堂堂，但是他们的眼睛里只能看见大事，而看不见小事。而只能看见大事、忽略小事的人是不会成功的，所以我才录用你。"

福特就是因为比别人多付出一点点——弯腰捡起一张废纸而得到了进汽车公司工作的机会。乐于付出的性格能够造就成功的人生。果然，后来福特干得相当出色，终于坐到了董事长的位置。

现在，许多公司或政府机关在对人员进行面试时，都喜欢用类似的方法来考察一个人的观察能力和是否具有愿意做琐碎小事的心态。在工作、学习中，做小事往往更能体现一个人的能力和水平。如某政府机关在面试场上将一把扫帚斜靠着挡在门口，看哪位考生能主动地将其扶正。就是这一把扫帚将众多本来很优秀的考生挡在了公务员大门之外。他们或者没有注意到扫帚，或者注意到了却不愿弯腰将它扶正，而是从上面跨了过去，这一"跨"却使自己无法跨入理想工作之门，反而离它越来越远。

"多付出一点点"的目的，并不是为了即时得到相应的回报。成功者在付出时从来没有想到回报，他们知道，"多付出一点点"能够升华个人的道德修养，强化一个人的工作能力，养成精益求精的工作习惯，培养积极愉悦的成功心态。

如果你能在不渴求回报的情况下，以一种积极自觉的态度比别人"多付出一点点"，把工作干得更好，那么，你就会得到一盏照亮你前程的机遇之灯，而不仅仅是一种"一对一"的简单回报。

# 本领四：善于排除障碍、解决问题
## ——方法总比困难多

**哈佛告诉你**

成大事者和平庸之辈的根本区别之一，就在于他们是否在遇到困难时理智对待，主动寻找解决问题的办法。一个人只有勇于去挑战，并在困局中突围而出，才能奏出激越雄浑的生命乐章，最大化地彰显人性的光辉。

## 尽量做到防患于未然

> 千里之堤，以蝼蚁之穴溃；百尺之室，以突隙之烟焚。
>
> ——[中国]韩非子

大家现在经常强调解决问题应该迅速，方法应该妥当，善后工作应该做好。实际上，我们常常忽略一点，也是很重要的一点——如何才能不产生问题或不让问题扩大化。一个很小的问题，在开始萌芽的时候如果不加以有效地解决，会像滚雪球一样不断加剧。如果能够将准备工作做足，做到未雨绸缪，摒除各种可能出现的问题，做到防患于未然，一些事情也就不会演化为悲剧。工作中出现的许多难以逾越的困境，也常常是因为疏忽大意，没有对出现的小问题进行有效的处理，才演化到不可收拾的地步。因此，一旦发现问题时，无论看起来是多么微不足道的问题，我们都不要掉以轻心，任其泛滥……

当巴西海顺远洋运输公司派出的救援船到达出事地点时，"环大西洋"号海轮已经消失，21 名船员也不见了，海面上只有一个救生电台有节奏地发出求救的信号。有人发现电台下面绑着一个密封的瓶子，打开瓶子，里面有一张纸条，21 种笔迹，上面这样写着：

一水理查德：3 月 21 日，我在奥克兰港私自买了一个台灯，想在给妻子写信时用来照明。

二副瑟曼：我看见理查德拿着台灯回船，说了句这小台灯底座轻，船晃时别让它倒下来，但没有干涉。

三副帕蒂：3 月 21 日下午船离港，我发现救生筏施放器有问题，就将救生筏绑在架子上。

二水戴维斯：离岗检查时，发现水手区的闭门器损坏，用铁丝将门绑牢。

二管轮安特尔：我检查消防设施时，发现水手区的消火栓锈蚀，心想还有几天就到码头了，到时候再换。

船长麦凯姆：起航时，工作繁忙，没有看甲板部和轮机部的安全检查报告。

机匠丹尼尔：3 月 23 日上午理查德和苏勒的房间消防探头连续报警。我和瓦尔特进去后，未发现火苗，判定探头误报警，拆掉交给惠特曼，要求换新的。

机匠瓦尔特：我就是瓦尔特。

大管轮惠特曼：我说正忙着，等一会儿拿给你们。

服务生斯科尼：3月23日13点到理查德房间找他，他不在，坐了一会儿，随手开了他的台灯。

大副克姆普：3月23日13点半，带苏勒和罗伯特进行安全巡视，没有进理查德和苏勒的房间，说了句"你们的房间自己进去看看"。

一水苏勒：我笑了笑，也没有进房间，跟在克姆普后面。

一水罗伯特：我也没有进房间，跟在苏勒后面。

机电长科恩：3月23日14点，我发现跳闸了，因为这现象以前也出现过，便没多想，就将闸合上，没有查明原因。

三管轮马辛：感到空气不好，先打电话到厨房，证明没有问题后，又让机舱打开通风阀。

大厨史若：我接马辛电话时，开玩笑说，我们在这里有什么问题？你还不来帮我们做饭？然后问乌苏拉："我们这里都安全吗？"

二厨乌苏拉：我也感觉空气不好，但觉得我们这里很安全，就继续做饭。

机匠努波：我接到马辛电话后，打开通风阀。

管事戴思蒙：14点半，我召集所有不在岗位的人到厨房帮忙做饭，晚上会餐。

医生莫里斯：我没有巡诊。

电工荷尔因：晚上我值班时跑进了餐厅。

最后是船长麦凯姆写的话：19点半发现火灾时，理查德和苏勒房间已经烧穿，一切糟糕透了，我们没有办法控制火情，而且火越烧越大，直到整条船上都是火。我们每个人都犯了一点错误，便酿成了船毁人亡的大错。

看完这张绝笔纸条，救援人员谁也没说话，海面上死一样的寂静，大家仿佛清晰地看到了整个事故的过程。

看完这个故事，你是否也感觉到这件海难事故仿佛就发生在你的眼前？如果他们都尽到了自己的职责，将自己应该做的事情做到位，这个悲剧就不会发生。他们每个人都有了一点小疏忽，犯了一点小错误，但 21 个人的疏忽、错误积聚到一起，却足以引发船毁人亡的惨剧。

⊙防患于未然，一些事情就不会演化为悲剧。

作为社会中的一员，每一个人都应该承担一部分责任，做父母的责任、做子女的责任、做师长的责任、做学生的责任、做领导的责任、做下属的责任。这些责任对你来说有大有小、轻重不一，但也许就是一点点的疏忽，一点小小的不负责任，就会带来难以预料的后果。

任何一个人，如果不负责任，就很难得到别人的信任；如果他没有责任意识，就很难避免出差错，很难避免给自己或他人造成损失。我们每一个人都是社会中的一员，学会对自己的行为负责是立身处世的前提。在美国中学开学的第一堂课里，老师们通常会讲这样的话："女士们，先生们，从今天起，你们就是美利坚合众国的公民了。"这话看起来是无用的话，却是在明确地告诉学生们：从今天起，你们就要对自己的行为负责。

每一个人都应该对自己的行为负责，对社会的期待负责。把问题扼杀在摇篮之中，不使隐患进一步蔓延是每一个人的责任。

"千里之堤，毁于蚁穴"。在学习、工作和生活中，也许有太多太多的蚁穴存在，如果不及时消除它，总有一天，青少年朋友的学业之堤、事业之堤、生活之堤也要毁于一旦了。

所以，在日常生活中，青少年朋友绝不能忽视任何一个小问题的滋生，更不能姑息它们从小变大。解决任何问题和困难的最佳时机，莫过于刚刚萌生之时。平时细心、谨慎，做到防患于未然，青少年朋友的生活之路就会越发平坦。

# 善于找出问题的症结所在

任何问题都有解决的办法。

—— [美国] 爱迪生

大家都听说过"捕蛇善打七寸"这句话吧？为什么偏偏要打离头部七寸的地方呢？因为"七寸"处是蛇的致命弱点。

打蛇要打它的致命弱点，要狠、要准，要让它一下毙命，才没有被它"反咬一口"的危险。拳击赛中，我们常看到力量相当的两名选手，在台上对峙一段时间后，其中一个会突然出击，将对手打倒在地。也许你会震惊刚刚还疲惫不堪的他怎会在一瞬间反败为胜，原因就是他找到了对手的弱点，之后他将全身仅存的最后一点力量用来攻击对手的弱点，打败了对手，赢得了胜利。

这些都告诉青少年朋友，解决问题就要先找出问题的症结所在，仔细研究，找出对策，对症下药。

人们在谈到德国人做事严谨时，总会提到这样一件事。

中国沿海某城市的一家棉纺织工厂在改革开放初期从国外进口了几套较为先进的纺织机器。使用初期机器运转很正常，但一个月之后，工人发现机器发出的噪音越来越大，在启动时还伴随着"咔、咔"的杂音，而且织出的棉布的纹路较以前越发显得凌乱，并常常出现绞线、断线的情况。

花了那么高价钱买来的机器刚刚投产使用就出了问题，厂方人员十分焦急，四处寻找能够维修这台机器的技术人员。但在改革开放初期，我国的各方面技术水平还未达到世界级先进水平，这方面的技术人才更是少得可怜。无奈之下，厂家只能从机器的生产方——德国请来一位专家，帮助解决这一问题。

专家来到厂房，围着机器转了几圈，这敲敲、那打打，一副不紧不慢的样子。棉纺织厂的技术工人着急了。本来想从老外这里学习点真经，谁知他一味地敲敲打打，哪里像修机器的样子。该不会是骗人的吧？中方开始疑惑，但并未表态。

半天过去了，专家终于抬起头对翻译说了一句话："问题找到了。是组装机器时线圈的线多绕了一圈，把它去掉就好了。"说着，拿出笔，在机器上划了一道线，用手做了一个剪刀剪断的动作。中方技术人员通过翻译明白了问题的所在，上前动起手来。

不一会儿，多余的一层线圈去掉了，机器神奇地正常运转了，问题解决了。

当双方讨论报酬问题时，德国专家提出了 1000 元的薪酬要求，并申明：划一道线价值 1 元，知道这道线该划在哪儿价值 999 元。

这个故事告诉青少年朋友的是：德国专家之所以最终解决了问题，是因为他找到了问题的症结所在。

在问题出现时，能够找到解决问题的关键点，是现在的年轻人需要掌握的一项技能。与此同时，在纷繁复杂的问题中，找到主要问题，集中精力进行解决，也是青少年亟须把握的一个本领。

有的人在同时遇到许多事情时，总不知道如何是好，不知道该从何下手，这是因为他们分不清问题的主次。不能对问题进行正确把握，自然就会产生麻烦。

青少年朋友在遇到问题时，首先想到的应该是从主要问题入手，而不要被一些小事束缚住手脚。主次明确，分清轻重缓急，才能取得事半功倍的效果。

青少年朋友在处理问题时，如果能掌握各种事物之间的主次关系，能避开问题的细枝末节，那么就能均衡处理各种棘手的问题，而不会

⊙解决问题要找到它的症结所在，否则后患无穷。

让慌乱干扰了正常的秩序。

当青少年朋友面对比较复杂的问题时，首先要理清头绪，把所要做的事情的轻重缓急搞清楚，不要乱了方寸。在众多复杂的问题中，如果不找出关键的问题，那么你的努力都是徒劳。

在生活中，我们会面对很多问题，你能分清主次和轻重缓急吗？面对一个问题，你能确定解决问题的关键点吗？如果你能做到，说明你离杰出青少年的行列又近了一点，真的应该拍手向你祝贺了呢。如果你还没有做到这一点，那么就从今天开始努力改变吧。

其实做到这一点并不难，只要你有耐心、有恒心。将你需要做的事列出来，分成4类：重要且紧急的事、重要但不紧急的事、紧急但不重要的事、既不重要又不紧急的事。重要且紧急的事是你要最先做且要十二分重视的，绝不可掉以轻心、马虎行事，因为这类事的成败往往关系重大；重要但不紧急的事需要你经过深思熟虑后得出成熟的方案，它不要求你立刻去做，但你一定要将它印在脑子里，不能怠慢；紧急但不重要的事多是一些杂事，看似不重要，但有时间限制，在做的时候可不投入过多的精力，但要保证在规定期限内完成；既不重要又不紧急的事你不妨放一放，但不要忘记了。一件事并不是一成不变地就应划分于哪一类，它往往随着时间的推移和环境的改变而有所不同，互相做着转换，这就要求我们根据形势的变化及时做出调整。对不同的事采取不同的方案，既不会浪费精力和时间，又能将事情做得漂亮，何乐而不为呢？

# 善于利用各种资源来解决问题

> 没有商品这样的东西，顾客真正购买的不是商品，而是解决问题的办法。
>
> —— [德国] 特德·莱维特

大家有没有这样的体会，遇到问题时自己解决起来总感觉有些力不从心，依靠自己的力量往往难以达到预期的效果？这个时候，青少年朋友需要借助其他的资源来帮助我们解决问题、摆脱困境。

古人讲，做事讲求天时、地利、人和。实际上，这就是利用天、地、人的优势组合来解决问题的思想。

大家都听过"草船借箭"的故事，这就是诸葛亮善于利用资源来解决问题的经典案例。

诸葛亮在推动孙刘联盟的建立和运筹对曹军作战的方略中，所表现出的远见卓识和超人才智，使气量狭小的周瑜妒火中烧。为解除诸葛亮对他的威胁，周瑜设下了置诸葛亮于死地的圈套。

周瑜的如意算盘是：一方面以对曹军作战急需箭支为名，委托诸葛亮在 10 日之内督造 10 万支箭；一方面吩咐工匠故意怠工拖延，并在物料方面给诸葛亮出难题，设置障碍，使诸葛亮不能按期交差。然后周瑜再名正言顺地除掉诸葛亮。圈套布置好的第二天，周瑜就集众将于帐下，并请诸葛亮一起议事。当周瑜提出让诸葛亮在 10 日之内赶制 10 万支箭的要求时，诸葛亮却出人意料地说："操军即日将至，若候 10 日，必误大事。"他表示：只需 3 天的时间，就可以办完复命。周瑜一听大喜，当即与诸葛亮立下了军令状。在周瑜看来，诸葛亮无论如何也不可能在 3 天之内造出 10 万支箭，因此，诸葛亮必死无疑。

诸葛亮告辞以后，周瑜就让鲁肃到诸葛亮处查看动静，打探虚实。诸葛亮一见鲁肃就说："3 日之内如何能造出 10 万支箭？还望子敬救我！"忠厚善良的鲁肃回答说："你自取其祸，教我如何救你？"诸葛亮说："只望你借给我 20 只船，每船配置 30 名军卒，船只全用青布为幔，各束草把千余个，分布立在船的两舷。这一切，我自有妙用，到第三日包管会有 10 万支箭。但有一条，你千万不能让周瑜知道。如果他知道了，必定从中作梗，我的计划就很难实现了。"鲁肃虽然答应了诸葛亮的请求，但并不明白诸葛亮的意思。他见到周瑜后，不谈借船之事，只说诸葛亮并不准备造箭用的竹、翎毛、胶漆等物品。周瑜听罢也大惑不解。

诸葛亮向鲁肃借得船只、兵卒以后，按计划准备停当。可是一连两天诸葛亮却毫无动静，直到第三天夜里四更时分，他才秘密地将鲁肃请到船上，并告诉鲁肃要去取箭。鲁肃不解地问："到何处去取？"诸葛亮回答道："子敬不用问，前去便知。"鲁肃被弄得莫名其妙，只得陪伴着诸葛亮去看个究竟。

当夜，浩浩江面雾气霏霏，漆黑一片。诸葛亮遂命用长索将 20 只船连在一起，起锚向北岸曹军大营进发。时至五更，船队已接近曹操的水寨。这时，诸葛亮又教士卒将船只头西尾东一字摆开，横于曹军寨前。然后，他又命令士卒擂鼓呐喊，故意制造了一种击鼓进兵的声势。鲁肃见状，大惊失色，诸葛亮却坦然地告诉他："我料定，在这浓雾低垂的夜里，曹操绝不敢贸然出战。你我尽可放心地饮酒取乐，等到大雾散尽，我们便回。"

曹操闻报后，果然担心重雾迷江，遭到埋伏，不肯轻易出战。他急调旱寨的弓弩手 6000 人赶到江边，会同水军射手，共约 1 万余人，一齐向江中乱射，企图以此阻止击鼓叫阵的"孙刘联军"。一时间，箭如飞蝗，纷纷射在江心船上的草把和布幔之上。过了一段时间后，诸葛亮又从容地命令船队调转方向，头东尾西，靠近水寨受箭，并让士卒加劲地擂鼓呐喊。等到日出雾散之时，船上的全部草把密密麻麻地排满了箭支。此时，诸葛亮才下令船队调头返回。他还命令所有士卒一齐高声大喊："谢谢曹丞相赐箭！"当曹操得知实情时，诸葛亮的取箭船队已经离去 20 余里，曹军追之不及，为此懊悔不已。

船队返营后，共得箭 10 余万支，为时不过 3 天。鲁肃目睹其事，称诸葛亮为"神人"。

诸葛亮实际上并没有神通，他只是懂得天文、地理知识，懂得借助别人的资源来为自己服务。他自己没有军权，不能调度士兵，便向忠厚善良的鲁肃借船借人；3 天拿出 10 万支箭，自己造是没有能力的，但这个问题能不能通过别人来解决呢？可以。曹军中有现成的箭，为何不借来一用？那么，万事俱备了，为何迟迟不出发呢？因为还要天公作美，必等浓雾天气才能出动。同时，诸葛亮还充分利用了曹操一向谨慎的心理。由此可见，诸葛亮利用的资源还真不少。他的目标是明确的——10 万支箭。得到箭的方式，他采用了借——向鲁肃借船和士兵及布幔等，向自然借了浓雾，向曹操借谨慎的心思，向曹军借到了 10 万支箭。诸葛亮对世事的洞察与智慧由此可见一斑。

青少年朋友遇到问题时，也要学会拓展思路，积极寻找解决问题的方案，努力组合解决问题所需的资源，学会向别人借用资源。青少年朋友的目的不应只是解决问题，而且要更好地解决问题。

⊙善于利用资源对解决问题大有益处。

# 善于用曲线战术解决问题

> 开发人类智慧的矿藏是需要由患难来促成的。
>
> —— [法国] 大仲马

当问题摆在面前需要解决；当你一筹莫展地不知该从哪里入手；当你想了许多方法都不能有效地解决问题，你有没有考虑过采用其他战术呢？比如采用曲线战术。

曲线战术，顾名思义，就是不采用直接的手段去解决问题，而是绕一个弯，或换一种思路，用另一种办法去解决。

在历史上和生活中，采用曲线战术达到目的的例子比比皆是。抗战时期，毛主席主张

⊙换一种思路，问题就会迎刃而解。

农村包围城市战略就是曲线战术运用的一个极佳案例。现在，这种方法仍被广泛运用，而且十分有效。

有一家效益相当好的大公司，决定进一步扩大经营规模，高薪招聘营销主管。广告一打出来，报名者云集。

面对众多应聘者，招聘经理说："相马不如赛马。为了能选拔出高素质的营销人员，我们出一道实践性的试题：就是想办法把木梳尽量多地卖给和尚。"

绝大多数应聘者感到困惑不解，甚至愤怒：出家人剃度为僧，要木梳有何用？岂不是神经错乱，拿人开涮？应聘者接连拂袖而去，几乎散尽。最后只剩下3个应聘者：A，B，C。

51

经理对剩下的这 3 个应聘者交代:"以 10 日为限,届时请各位将销售成果向我汇报。"

10 日期到。经理问 A:"卖出多少?"答:"一把。""怎么卖的?"A 讲述了历尽的辛苦以及受到众和尚的责骂和追打的委屈。好在下山途中遇到一个小和尚一边晒着太阳,一边使劲挠着又脏又厚的头皮。A 灵机一动,赶忙递上了木梳,小和尚用后满心欢喜,于是买下一把。

经理又问 B:"卖出多少把?"答:"10 把。""怎么卖的?"B 说他去了一座名山古寺。由于山高风大,进香者的头发都被吹乱了。B 找到了寺院的住持说:"蓬头垢面是对佛的不敬。应在每座庙的香案前放把木梳,供善男信女梳理鬓发。"住持采纳了 B 的建议。那山共有 10 座庙,于是买下 10 把木梳。

经理又问 C:"卖出多少?"答:"1000 把。"经理惊问:"怎么卖的?"C 说他到一个颇具盛名、香火极旺的深山宝刹,朝圣者如云,施主络绎不绝。C 对住持说:"凡来进香朝拜者,多有一颗虔诚之心,宝刹应有所回赠,以做纪念,保佑其平安吉祥,鼓励其多做善事。我有一批木梳,你的书法超群,可先刻上'积善梳'3 个字,然后便可做赠品。"住持大喜,立即买下 1000 把木梳,并请 C 小住几天,共同出席了首次赠送"积善梳"的仪式。得到"积善梳"的施主与香客,很是高兴,一传十,十传百,朝圣者更多,香火也更旺。这还不算完,好戏还在后头。C 还向住持建议买一些不同档次的木梳,以便分层次地赠给各个社会阶层或类型的施主与香客。住持欣然答应了。

就这样,C 不但成功地将梳子卖给了和尚,还趁机开拓了市场,向寺庙提供了更多品种的木梳。

将梳子卖给和尚,听起来荒诞不经。但仔细想想,是不是真的没有办法了呢?梳子除了梳头的实用功能,有没有附加功能呢?利用梳子的附加功能将其卖出,看似走了个弯路,却收到了不错的效果。

青少年朋友在生活中遇到的许多问题也会同上面的故事一样,令大家感到棘手。但当你摆脱固定的思维模式,采用一种全新的思考方式,从问题的另一方面入手，也许会给你"柳暗花明又一村"的感受。

日本的一个南极探险队首次准备在南极过冬时，遇到了这样一个难题：队员们要把船上的汽油输送到基地，但发现输油管的长度不够，当时又没有备用的管子。怎么办才好呢？正当大伙十分着急的时候，队长西崛荣三郎突然联想到：可以用冰来做成管子。南极气温极低，屋外到处都是冰，而且"滴水就能成冰"。问题在于，怎样才能使冰成为管状，且不至于破裂。西崛荣三郎接着又联想到了医疗上使用的绷带，这种绷带他们带来了不少。他设想：把绷带缠在铁管子上，然后在上面浇水，让水结成冰后，再拔出铁管子，这样不就能做成冰管子了吗？一试，果然获得了成功。他们把做成的冰管子再一截一截地连接起来，需要多长就能接多长。就这样，输油管长度不够的难题便解决了。

这种方法在青少年的学习中也同样适用。问题证明不了，方程解不出来，是不是可以尝试另一个公式？在另外的地方再画一条辅助线试试看，虽然都可以得出第一个结论，但画了这条线是不是也可以将第二、第三个结论证明出来了呢？你不妨拓展一下思路，哪怕用看似最笨的方法试一下，也许几分钟后，你会发现原以为最麻烦的方法原来是最方便的。

# 釜底抽薪，不留后患

千万人的失败，都是失败在做事不彻底，往往做到离成功尚差一步就终止不做了。

—— [英国]莎士比亚

解决问题的开端和结尾十分重要。这就是说开端要防患于未然，将隐患扼杀在摇篮里；结尾则要果断行事，釜底抽薪，不留后患。

我国古人对釜底抽薪的含义理解得较为深刻，并应用到作战中。曹操大烧袁绍乌巢粮囤便是对"釜底抽薪"最直接的诠释。

话说关羽斩了颜良、文丑，这两场仗打下来，袁军将士被打得垂头丧气。但是袁绍不肯罢休，一定要追击曹操。监军沮授说："我们的人尽管多，可没像曹军那么勇猛；曹军虽然勇猛，但是粮食没有我们多。所以我们还是坚守在这里，等曹军粮草用完了，他们自然就不战不败了。"

袁绍根本不听沮授劝告，命令将士继续进军，一直赶到官渡，才扎下营寨。曹操的人马也早已回到官渡，布置好阵势，坚守营垒。袁绍看到曹军守住营垒，就吩咐兵士在曹营外面堆起土山、筑起高台，让兵士们在高台上居高临下向曹营射箭；曹军只得用盾牌遮住身子，在军营里走动。

就这样，双方在官渡相持了一个多月。日子一久，曹军粮食越来越少。但是，袁绍的军粮却从邺城源源运来。

袁绍派大将淳于琼带领 1 万人马送运军粮，并把大批军粮囤积在离官渡四十里的乌巢。

袁绍的谋士许攸探听到曹操缺粮的情报，向袁绍献计，劝袁绍派出一小支兵马，绕过官渡，偷袭许都，袁绍很冷淡地说："不行，我要先打败曹操。"

许攸还想劝他，正好有人从邺城送给袁绍一封信，说许攸家里的人在那里犯了法，已经被当地官员逮了起来。袁绍看了信，把许攸狠狠地骂了一通。许攸又气又恨，想起曹操是他的老朋友，就连夜逃出袁营，投奔曹操。

曹操在大营里刚脱下靴子想睡，听说许攸来投降他，高兴得光着脚板跑出来。他拍手欢迎许攸，说："哎呀，您肯来，我的大事就有希望了。"

许攸坐下来说："袁绍来势很猛，您打算怎么对付他？现在您的粮食还有多少？"曹操说："还可以支持一年。"许攸冷冷一笑，说："没有那么多吧！"曹操改口说："对，只能支持半年了。"许攸装出生气的样子说："您难道不想打败袁绍吗？为什么在老朋友面前还说假话！"

曹操只好实说，军营里的粮食，只能维持一个月。许攸说："我知道您的情况很危险，特地来给您报个信。现在袁绍有1万多车粮食、军械，全都放在乌巢。淳于琼的防备很松，您只要带一支轻骑兵去袭击，把他的粮草全部烧光，不出3天，他就不战自败了。"

曹操得到了这个重要情报，立刻把曹洪等人找来，吩咐他们守好官渡大营，自己带领5000骑兵，连夜向乌巢进发。他们打着袁军的旗号，沿路遇到袁军的岗哨查问，就说是袁绍派去增援乌巢的。袁军的岗哨没有怀疑，就放他们过去了。曹军到了乌巢，就围住乌巢粮囤，放起大火，把1万车粮草，烧得一干二净。乌巢的守将淳于琼匆匆应战，也被曹军杀了。

正在官渡的袁军将士听说乌巢起火，都惊慌失措。袁绍手下的大将张郃、高览带兵投降。曹军乘势猛攻，袁军四下逃散。

釜底抽薪，是一种方法，也是一种策略。从根本上解决问题，不但指解决我们看到的问题，还指解决心理上的重重顾虑。这就需要将解决方案摆在明处，让大家都能看到、听到、理解。宋朝宰相文彦博就是采用"釜底抽薪"的攻心术打消了民众的猜疑，稳定了市场。

宋仁宗至和年间，国家财政紧张，几种钱币同时流通，国家难以控制市场。于是，便有大臣上疏仁宗，请求统一钱币，特别是要罢掉陕西铁钱，由国家统一铸币流通。仁宗接到奏疏，召大臣们讨论。大多数人觉得罢掉铁钱会造成市场混乱，所以并没有实行。但消息却传了出去，一时间，首先从京都汴梁（今河南开封）开始，刮起一股风："朝廷要罢掉陕西铁钱了，赶快脱手出去，晚了就一钱不值了！"

一传十，十传百，不长时间便传遍了各个城市乡村。那时，陕西铁钱不仅在陕西，连京都及周围一带都十分通行，存这种钱的大有人在。大家听说这辛辛苦苦挣来的血汗钱就要废了，那还了得，所以都纷纷

**克服优柔寡断**

培养自强自立的勇气和信心

凡事不要追求尽善尽美

多寻找机会历练自己，开阔眼界

增强自己的心理素质

拿铁钱到店铺中抢购货物，不管目前用不用，先抢到手再说。店铺老板也不是傻子，他们比别人更早得到了消息，因此纷纷挂出牌子：不收陕西铁钱。一时间，市场大乱，人心浮动，危及治安。

消息马上反馈到朝廷，仁宗大为恼火，一边追查是谁传出的消息，一边责令宰相文彦博迅速处理此事，平定市场，安定民心。

文彦博深深知道，市场上的事有时单靠强令是办不好的。法令出去，大家还会将信将疑。特别是平民百姓，看重的是实例，而不是一纸公文。想到这里，文彦博对大家说："这样吧，先让我来独自经办此事。若我财力不足时，再麻烦各位。"

他回到家中，询问管家："丝绢缣帛还有多少？"管家说："还有500匹。"于是文彦博让管家找来京城中最大的绸缎铺主，托他代卖这些丝绢，并特别叮嘱：不要其他的钱，只收陕西铁钱。

店主照办，第一天简直挤破了门。别的店主都来打听为何收陕西铁钱，当他们得知是文丞相让店主代卖代收的，都放下心来，连丞相都要铁钱，看来铁钱是绝不会废止了，于是各店也收起了铁钱。

消息传扬出去，老百姓都放下心来，再没人急于脱手陕西铁钱去抢购货物了。一场市场动乱就这样让文彦博平定了下来。

青少年朋友在生活中也要学会"釜底抽薪"化解问题的方法。将问题解决彻底，不能只将问题解决一部分就搁置一旁，妄想它会自动化解；而要大家亲自动脑去想办法、动手去实践，才能全方位地把握局势，设定最佳的行动方案，从根本上解决问题、摆脱困境。

# 本领五：正确把握情感
## ——花季雨季，坦然走过

 哈佛告诉你

走过了花季，踏过了雨季，如果你付出了汗水与真诚，收获了知识与友情。回首凝视时，心中将一片坦然，因为你可以自豪地说："我拥有了一段美好的时光，我过得很充实、很快乐。"

## 认识"青春期"

> 初恋的芬芳在于它是热烈的友情。
>
> ——[俄罗斯] 赫尔岑

青春期并不神秘。青春期是每个人都要经历的阶段。

在青春期阶段，青少年朋友的身体和心理会发生一系列的变化。

骨骼、肌肉在这个阶段发育得最快，这也是青少年朋友长个子的主要阶段。此时的各种生理器官都发育得更为完善，包括性器官。青少年朋友的身体会发生较为明显的变化：男孩的个头迅速增高，开始长胡须，开始出现"遗精"现象；女孩开始来月经，且身体发育得越来越丰满。

因为性生理的成熟，第二性征的成熟促使个人越来越像成人，在心理上就感觉自己是一个大人，对自己的一切越来越注意，脸上的一颗青春痘虽然是微不足道，但却认为全世界的人都在看那颗青春痘；同时也开始喜欢异性，总觉得自己的心理都随着对方打转，如果没有看到对方就像失落了什么，不是无精打采，就是火暴十足，看什么都不顺眼，这就是心理需求的发展，需要和别人有亲密关系的亲和需求，如果没有满足就会感到孤立、寂寞、被疏离。由于自我的成长，也使得情感越来越丰富，但因为无法适当表现，就容易隐藏在内心里，而透过自我幻想来实现，引发了浪漫的情怀，具有理想色彩。一旦在实际中发现他人具有自己梦幻的某些特质时，就会将对方当成自己的喜欢对象，也就是所谓的一见钟情。有的人就把影星、歌星当成偶像，也有的人把周围所碰到具有自己梦中情人特质的人当作对象，例如你的老师、同学、邻居大哥、小妹，这就是喜欢的感情。但由于这个梦幻情人只是自己虚构的理想角色，因此一旦又碰上其他具有这些特质的对象时，就会很快的产生好感。偶像的生命不长，会常常更换也正是这个道理。

这种对他人会有好感，希望和他常在一起的心理，就是亲和的需求。就如同小动物出生下来就会寻求第一眼所看的对象为照顾者一样，每个人都需要满足被照顾的需求，或者避免害怕恐惧的心理以及和别人接触会得到更舒适的感觉。所以在心里头有那种想和别人做伴的需求。有人曾做过这样一个实验：一个人在南极独处 6 个月，只有收音机与之做伴，以维持与别人单向沟通。在第 24 天时，这个人会感到寂寞无聊，心里很沮丧；第 63 天则开始怀疑人生的意义。由此可见人类与别人沟通、与他人为伴的需求有多么强烈。

还有一个类似的实验，以大学生为对象，每人独处在一室内，与外界没有任何接触，如能独处一天就可以得到 20 美元，结果最长的一个人只待了 8 天，由此可见人需要和别人发展亲密的关系，也就是有亲和的需求。

由于性生理的发展和逐渐成熟，性意识开始觉醒。在心理上强烈地意识到男女有别，意识到男女之间交往与同性之间的交往，无论在交往方式上还是在交往的内容上，都会有许多不同。因而，不可避免地产生了对异性的一种朦胧的好奇心，渴望了解异性，不自觉就产生了对异性的一种青涩的爱恋之情。这时的青少年，尤其是女孩开始有意识地修饰自己的仪表，注意自己的谈吐，希望自己能够引起异性的注意，同时也对异性产生好感。我们在异性面前或是表现为热情、兴奋，用种种方式表现自己；或是表现慌乱、羞怯和不知所措，面对这一切，许多青少年表现出极大的不安。科学研究告诉人们，青少年的这种变化都是青春期异性之间相互吸引的表现，是一种正常的心理变化。

但是，青少年也不能因为这是正常的心理变化，就任其自由发展，更不能把这种由于青春期变化产生出来的异性之间的吸引，当成爱情去盲目地追求。青少年面对这种心理变化，必须理智，要自觉地运用道德和法律规范自己的言行，克服头脑中的某些不正当的欲念，用理智战胜感情的冲动，并且不断用丰富多彩的文体活动充实自己，在与异性接触时，要自觉地将注意力放在学习、工作、兴趣、爱好等方面的交流上，同时要注意有意识地扩大交友范围，做到为相互学习、相互促进而交往，建立起纯真的友谊。

# "早恋" 不是罪

毫无经验的初恋是迷人的，但经受得起考验的爱情是无价的。

—— ［俄罗斯］马尔林斯基

青少年正处在一生中最重要的阶段。无论在生理方面，还是在心理方面，都在迅速发展和变化。身材越来越高大，心理变得越来越成熟。与此同时，知识越来越丰富，认识活动由具体思维向抽象思维过渡，开始对外部世界形成总体的看法和认识。由于体内荷尔蒙的分泌发生了变化，性器官的发育开始萌动，对异性开始产生兴趣并且开始有了自己是一个成人的感觉。因此，在这一期间，青少年朋友出现早恋行为并不奇怪。有些人对"早恋"有恐惧心理，认为喜欢异性是不正常的，是件不光彩的事情，尤其是家里的好儿子、乖乖女，他们认为喜欢异性就不是好孩子了，会受到谴责。所以，一方面，对喜欢的人放不下；一方面，心理又十分矛盾，从而背上了沉重的心理负担。其实大可不必。当我们弄清早恋产生的原因后，就不会过度恐惧、担忧了。

早恋指青春期或青春期以前的少年出现的爱恋现象。早恋又称牛犊恋，多与环境因素引起早熟性兴奋和性萌发有关；一部分也与孤独、空虚、心理上缺乏支持有关。相当多的早恋少年满足于温馨的即景般的情感交流和卿卿我我的言语交流。

早恋是由于受了外部"催化剂"的性早熟的结果，很难指向一个固定的异性对象；对某一异性对象的爱慕或倾倒是非理性的。例如有的少年称他之所以喜欢班上那个女生，是因为她的一双手长得灵巧美丽；有的则认为对方的声音好听；有的认为他的异性伙伴有部带遥控的玩具汽车。

如果发现自己有喜欢某个异性的倾向，或身边的朋友、同学出现了早恋现象，不要感到震惊和恐惧。早恋并不是道德品质差的表现。早恋不是罪，但早恋却有可能会给青少年朋友带来不好的影响，它会影响学习。早恋会分散精力，尤其是青少年还不能很好地控制自己，一旦早恋，很有可能将过多的注意力转移到异性身上，而放在学习上的精力和时间就会不自觉地减少。所以，我们不提倡早恋。

到了一定的年龄，每个人都会产生与异性接近的欲望，这是人的一种情感需求，并不是病态，也并不可怕。早恋也是如此。

心理学家认为异性交往会有如下几点互补性。

## 个性互补

单一的同性交往，远不如多向的异性交往更能丰富人的个性。

心理学研究表明，社会中的个人，交往范围越广泛，和周围生活的联系越多样，他的各方面社会关系就越深入，精神世界就越丰富，个性发展就越全面。尽管同性间的个性也存在着差异，但如果只和同性人交往，人的个性发展往往很狭隘，因为这种差异远不如异性间的个性差异明显和有意义。

## 心理互励

心理学家发现，大多数人，尤其是青少年，都有心理上的"异性效应"，往往表现为有异性参加的活动，较之只有同性参加的活动，参加者一般会感到更愉快，干得也更起劲、更出色。这是因为，当有异性参加活动时，异性间心理接近的需要得到了满足，从而使人获得程度不同的愉悦感，从而激发出潜在的积极性和巨大的创造性。

## 情感互慰

人际间的情感是极为丰富的，除了爱情之外，还有亲情、友情、同情、敬爱、恩情，等等。男女之间可以有不带情感色彩的情感交流，它同样可以使人感受到温暖，达到心理上的平衡。在"异性效应"的作用下，这种情感的交流更为密切，能达到有效的情感互慰。

## 智力互偿

研究表明，虽然人类智力的高低总体上没有性别差异，但男女之间的智力特质却有区别。以思维能力为例，男性比较擅长离奇、大胆的抽象逻辑思维，善于抽象和概括，更喜欢用综合的方式对待现实；女性则擅长于具体形象思维，比较感性，更适合处理以实践应用和形象思维为支撑的事情。通过异性交往，双方均可从对方那里取长补短，以促进自己的智力水平和学习、工作效率。但是，青少年毕竟处于一个较为特殊的人生阶段。一个人的价值观、世界观基本上是在这一阶段成熟起来的。在此阶段，人的身心发育还不够完善，情感认识还不够理性，情绪掌控还不够稳定。很容易因为一时冲动而酿下苦果。所以，青少年尽量不要发生早恋，要学会与异性朋友建立健康、互助型的友谊。

那么，青少年朋友应该怎样做呢？

### 互相尊重和理解

男女之间在气质、性格、身体、爱好等方面往往有着较大差异，只有彼此互相尊重和理解，异性友谊才能维持和发展。

### 不要过于随便

纯正的异性朋友，自然可以堂堂正正地来往和接触，但一举一动都要大方得体，不能过于随便，否则可能会伤害彼此和身边的其他人，有损友谊的巩固。

### 注意交往场所

异性朋友单独相处时，要注意选择合适的场所，尽量不要在偏僻、昏暗处长谈。如果在房间里单独谈话，不要紧闭门窗。以免引起不必要的误会。

⊙青春期的异性在交往时应学会建立健康、互助型的友谊。

### 分清友谊与爱情的界限

友谊和爱情之间既有联系又有区别。人们之间的爱情关系和友谊关系都是以彼此之间相互欣赏为基础的。友谊和爱情两者之间有严格的区别：首先是内涵不同。友谊是同学或朋友间的一种平等的、诚挚的、亲密的、互相依赖的关系，而爱情则是男女之爱，并渴望对方成为自己终身伴侣。其次是对象不同。友谊是广泛的交往，可以通四海，朋友可以遍天下，人们可以和各种对象发展友谊，而在爱情世界里，男女之间是真挚专一、忠贞不贰的，如果第三者加入，便产生嫉妒心理和排除异己的行为。再次是要求不同。友谊关系中，主要承担道德义务。而爱情关系在双方缔结婚姻关系后，不仅承担道德义务，还要承担法律责任。

异性朋友一定要注意，不要模糊两者的界限，把握好与异性交往的尺度，让自己的身边有更多的好朋友。

# 是爱还是懵懂

恋爱是对异性美所产生出来的一种心理上的燃烧的感情。

—— [爱尔兰] 萧伯纳

我们都会做梦。男孩子小时候也许都梦想自己是一个英俊的王子，历尽千辛万苦，终于找到了自己心目中的公主，她美丽大方、温柔体贴，你最喜欢的就是她那双会说话的大眼睛；女孩子小时候也许都梦想自己是一个美丽可爱的公主，等着白马王子来迎接自己，他英俊高大、机智幽默，你最喜欢的就是他深沉且略带忧郁的眼神。

之后，男孩和女孩都长大了，并在现实生活中寻找自己的"公主"和"王子"。当发现某个人的某种特质与自己梦中的理想对象相符时，就会对对方产生好感，也就是我们说的喜欢。许多青少年认为这就是爱，而实际上，这两者是有本质区别的。

喜欢是尊重对方，认为对方有其优点值得自己去尊重，且有好评，或认为对方的态度与自己相似。这就是喜欢的情感。而爱情则包含亲密的感情、对对方的关怀和情绪上的依赖。由此可见许多人的爱情感觉，其实只是有浓烈的喜欢感觉而已。不只是异性同学，甚至是学校老师，荧幕媒体的明星偶像，都是爱慕的对象，这只是个人产生好感，认为对方某些部分与自己相似而喜欢对方而已。但有些人却将这种喜欢当作爱情，认为对方与自己的关系和别人不同，因此有时候会产生认知的偏差，不是认为自己已坠入爱河，就是自己在单恋，或者失恋。一见钟情也就是这种将对方的某些特质与自己梦中情人特质吻合配对的喜欢情感而已，只不过误以为是爱情。这是时下许多青少年的苦恼来源。因为这种感情欠缺相互亲密的成分。

心理学家认为爱情应该从情绪、动机和认知 3 种因素来探讨，真正的爱情不只是比喜欢更浓烈，它需要涵盖 3 种因素，才是真正的爱情。一是在情绪上；另一是在动机方面；第三种是在认知上。情绪会使个体产生喜欢接近对方、相互联系、彼此相互感到温暖的感觉，而不是只有单方面才有这种感觉，否则只是单恋或暗恋。在动机方面，则表现在异性间的吸引力，很喜欢接近对方，但需要自尊自重、自我控制．有些人往往因为这种冲动而不能自制，造成进一步的性关系，而无法更进一步的沟通，也就容易造成日后的分手。此外，还要在认知上能理性地承诺，这种承诺是自己在理性选择下所做的决定，愿意为维持双方关系而作的决定。有人提出爱是付出而非占有，意思指双方要相互尊重对方的决定和意愿，不能勉强。有些人往往自己认为我已经对你付出这么多，你相对的也要对我如何如何，否则的话，我就要对你采取什么动作，这就是一种强求手段，就是误解了感情的含义。因此从爱情的因素组成来看，亲密、热情和承诺都没有就是无爱，只有"亲密"那只是喜欢，只有"热情"只能称为迷恋，只有"承诺"就称为空爱。

仔细想一想，你对他（她）的感情究竟是喜欢还是爱，不要把青春期

⊙爱是感情的，却需要理性的思考。

自然萌动的对异性的喜欢或好感与爱混为一谈。这是两种绝对不一样的感觉，是很不同的心理状态。喜欢就像一条小溪，清澈见底；爱则是一片汪洋，浩瀚无边。你需要用心去聆听，才能将二者分辨出来。如果不经过理性的思考，只是跟着感觉走，就会混淆二者，导致判断失误，以致自作多情，甚至自寻烦恼，耽误了青春和学业。

青少年朋友现在还不成熟，考虑问题还不全面，随着日后知识的增长、视野的开阔、心智的成熟，很容易"见异思迁"。其实并不是你"变心"了，而是本来并没有去爱。爱一个人是要求感情专一的，而喜欢则不是，你可以在不同时间喜欢不同的人，甚至可以在同一时间喜欢着不同的人。

所以，不要轻易说你爱谁。只有弄懂了爱的深层含义，你才有资本说出这个字，爱一个人，是要负责任的。青少年朋友要抓住青春的大 好时光，努力学习，将来才能有所作为。

# 长大以后再说爱

初恋，在现实中虽然没有结果，但在回忆中它却是朵永远不凋的花朵。

—— [日本] 白石浩一

　　青少年朋友在面对异性时，经常会有一种情怀，就是喜欢一个人不知如何表达内心的爱恋，我该如何面对异性？我如何去表达？如何让对方知道我对他的爱，爱在心里口难开。面对此种青涩的情怀或是情窦初开的现象，青少年朋友应该冷静地思考：我真的喜欢他吗？他是我的最爱吗？我了解对方吗？对方了解我吗？他有什么优缺点？我能容忍他的任何缺点吗？我能在学业与交异性朋友之间作妥善的安排吗？因为交异性朋友就牵涉"作决定"与"负责任"的问题，什么时候作决定较恰当？什么时候作决定较完美？什么时候交异性朋友较理想等都是必须深入去考虑的问题，在身心尚未发展成熟时就交异性朋友不但对自己的成长没有帮助，相反会影响并阻碍其他各方面的发展。

　　更重要的是，此时期青少年通常无法为自己作的决定负责，必须由父母或他人来承担后果，一时的激情必须以终生的幸福作为赌注。因此，喜欢一个人要等他长大，也要等自己长大，长大以后再说爱。

　　青少年朋友常挂在嘴上的口头禅多为："只要我喜欢有什么不可以！我是我自己，父母说左我就要说右"，"父母说黑我就要说白！父母说我错，我就要错"！在此种情怀与逻辑推理中，只要男女相爱，永结同心，海誓山盟，在一起有何不可？殊不知，年轻的心是飞扬的心，同时也是脆弱的心，容易受到伤害，而影响一生的发展。

　　当你做任何事，作任何决定时，除了考虑自己也要顾虑他人，你如此做对自己、对亲人、对他人有无影响？行为的后果如果损已利人或是对大家都有损害等都应该慎重考虑。

青少年朋友真的要弄清楚：我真的爱他（她）吗？难道不是一时冲动吗？以后会不会出现什么变化？看看下面这对父子的对话，相信你会有所启发。

儿子 16 岁了，上高一，正与一个同班女孩相恋，而且爱得挺认真。男孩的爸爸不赞成他们的事，但并没有棒喝儿子，而是与儿子进行了一次真诚的、朋友式的对话。

父：儿子，你觉得她怎么样？你爱她哪一点呢？

子：我觉得她是我认识的女孩里最好的，她很聪明，很善解人意。

父：爸爸相信你的眼光。但是，你才上高一，你认识的女孩有多少？

子：……

父：你说你将来要出国上名牌大学，想成为一名律师或金融家。你知道你将来会遇上多少好女孩？爸爸并不反对你现在谈女朋友，但是爸爸最反感的是见异思迁。你 16 岁就有了女朋友，这女朋友是你到目前为止认识的最好的女孩，可是，等将来你遇到更好的，你会不会后悔？你敢保证一辈子都守护她一个人吗？

子：……可是，现在让我离开她，我很痛苦。

父：我给你买的 walkman 呢？

子：怎么问这个？现在我们都用 MP3，谁还听 walkman。我把它放在箱子里锁起来了。

父：儿子，这就叫喜新厌旧、见异思迁。以后会不会有一个 MP3 女孩取代现在的 walkman 女孩呢？

子：爸爸，您别说了，我明白该怎么做了。

是的，每一个人都会有喜新厌旧、见异思迁的情况，这就是事实。因为你会长大，你会发展，你会走出现在小小的生活圈子，你会遇见更多的人。也许那个最适合你的人仍在远方，需要你长大以后才能与他（她）相识、相恋。

# 了解健康的性知识

> 我们虽然逃不过恋爱的烦恼，但却可以事先预防，免于沦为恋爱的玩偶。
>
> —— [法国] 罗曼·罗兰

现在，由于教育模式跟不上社会的发展变化，部分教师思想仍旧保守落后，使得性教育在校园还没正常开展。实际上，这是教育的一个失误。有些家长和教师认为让孩子了解太多关于性的知识，会使孩子"学坏"，这又是一个误区。任何人都会对貌似神秘的事情抱有浓厚的兴趣。性，本来并不神秘，只是我们不敢面对它，谈"性"色变，对它总是遮遮掩掩，才将它搞得似乎很神秘。青少年朋友要揭开"性"神秘的面纱，以正确的心态了解健康的性知识。

青少年朋友需要懂得的性知识包括以下 3 方面。

## 性生理、心理知识

性生理、心理知识包括男女生殖器官的解剖生理学知识；青春发育期的表现和卫生，第一性征和第二性征的发育；性器官和性生活的卫生，男女性意识、性心理卫生知识，手淫和遗精知识，初潮和月经知识，避孕和计划生育知识，优生知识；性病的防治知识等。

## 性道德知识

性道德知识包括在两性关系方面应该遵循的准则和规范，养成自尊自爱、自我理性、相互尊重、相互体贴、相互关怀的优良品质，为道德品质的发展和今后婚恋生活打下良好的基础。

### 性法律知识

性法律知识包括两性关系有关的法律知识，尤其是婚姻法和刑法中的有关内容，了解在两性关系中哪些行为是合法的，哪些是非法的，哪些行为是要受到刑事处罚的，怎样的行为要受到什么样的处罚，等等，以增强法制观念，减少和避免犯错。

现在课堂上通常不能将性知识较为全面地传授给青少年朋友，这就需要你自己去学习。可供选择的方式有许多：可以向父母等长辈咨询，可以查找书本知识，可以查找网络资料。

向父母等长辈咨询，要做到诚恳大方，没有什么值得害羞的。有时候，一些你认为很严重、难以解决的问题到了父母长辈那里可以给你提供很好的建议。

查找书本和网络资料时要多加小心，不可是书就读，是网站就进。由于各方面的原因，有些书的内容和质量是不保险的。网站更是如此，往往打着"普及性教育"的旗号肆无忌惮地宣扬不健康的色情内容，如果长期接触，很容易沉迷其中，从而危害到青少年身心的健康成长。

那么，青少年朋友在选择图书和网站时就要学会鉴别，哪些是可读、可看的？哪些是可以看一点的？哪些是完全不能看的？在自己的心里应该有一个平衡杆。如果平衡杆倾斜了，就会给你的生活和学习带来很多问题，使你意志消沉，学习退步。

了解健康的性知识，可以使青少年朋友走出"性"的盲区，更客观、更科学地认识性，认识爱与性之间的关系，可以更深刻地理解爱与友谊。

了解健康的性知识，摒弃错误的、变态的性知识，可以使青少年朋友的身心得到更健康、更完善的发展，对青少年朋友的行为起到指导、衡量的作用。

了解健康的性知识，对青少年朋友正确价值观和人生观的形成有很大的促进作用。

# 不因情感而荒废学业

> 不要只是为了爱——盲目的爱，而将别的人生要义全盘疏忽了。
>
> —— [中国]鲁迅

如果说传道授业是教师的天职，保家卫国是军人的天职，救死扶伤是医生的天职，那么，青少年朋友的天职就是学习。

学业应是你心中的第一重要事项，没有任何事可以动摇学业在你心中的地位。包括情感。

对于谈恋爱会不会影响学习，众说纷纭。

学生常持的观点是：他们在交往中尽量不影响学习。也有许多恋爱的学生认为，恋爱不会影响他们的学习；更有少部分人认为，恋爱可以促进学习成绩，因为两个人在一起可以互相帮助、共同进步。

然而，家长和老师的观点则是：恋爱会对学习产生不良影响。

现实中，人们也会看到恋爱成为学习的动力的事例，但毕竟是少数，而且少得可怜。人们看到更多的是不愿看到的后果：因为谈恋爱，双方耗费了大量的时间和精力，不能集中注意力到学习上，从此学习成绩一落千丈，一蹶不振，更重要的是不能成就自己的人生。

丽丽高三了，学习成绩一直是班级前 10 名，考名牌大学本来应该没有问题。但就在大家为了高考而拼命学习的时候，她喜欢上了班长张亮。张亮为人热情、开朗，成绩与丽丽相仿，而且是个体育健将，篮球场上经常能看到他帅气的身影。大家都很喜欢张亮，也有其他女生向张亮传递着"喜欢"的信息，但他一概不接受，唯独对文静娇小的丽丽怀有一种特殊感情。他愿意关心和帮助丽丽，丽丽也喜欢被他关心和帮助。

就这样，在黑色的 6 月来临前不久，张亮开始和丽丽交往了。

老师看在眼里，急在心里。这可是考大学的两棵好苗子，如果因为恋爱而影响成绩，就得不偿失了。老师开始分别找两人谈话，对他们晓之以理，动之以情，好话赖话说了一箩筐，结果两个人都对老师表态："不会分开，但请老师放心，不会影响成绩。"

从此，篮球场上不见了张亮的影子，自习室里也少了丽丽的身影。

就这样，大家迎来了高考，又送走了高考。

高考成绩发榜时，老师吃了一惊：张亮的成绩未受影响，而丽丽却与本身水平相差一大截，险些名落孙山，最后去了一所普通高校。之后，很自然的，张亮和丽丽去了不同的大学。再后来，两个人就分开了。

看到这个故事，也许你并不陌生。很多学生恋情都会有这样的结果：恋爱对男生的影响要小于对女生的影响。这其中有几方面因素。

一是，由于性格和心理素质的男女差别，情感问题对女生情绪的影响要大于男生。实验表明，女生看待问题更为感性，而男生较为理性一些，所以，遇事时女生的情绪波动比男生大。也可以用此来解释女生在恋爱时会更加影响学习成绩。

二是，每个人的自控能力不同。面对同一件事，不同的人会有不同的反应，每个人平衡生活、学习与其他事物的能

⊙在情感的丛林里，女性更容易迷失。

力也不尽相同。恋爱也是如此，如果把握好尺度，调配好学习的时间安排和精力投入，就不会对学习产生太大的不良影响；而如果心中没有这个尺度，或不能很有效地控制自己的行为来遵循这个尺度，因恋

爱而影响学习的现象也就不奇怪了。

所以，无论是男生还是女生，如果你选择了在未完成学业时谈恋爱，都应该有足够的自制力，将恋爱对学业的影响降到最低。青少年朋友还有很长一段路要走，需要用更多的知识来充实头脑，所以，需要不断学习。学业对于青少年朋友的意义是其他事情所不能取代的，让情感影响学业，注定是最后的输家。

# 学会情感转移

含情欲语独无处，传于琵琶心自知。

—— [中国] 王安石

当你在不恰当的时候喜欢或爱上了一个人，或因各种原因失恋了，而感到十分痛苦时，你会怎么做？是将自己封闭起来，还是寻找其他发泄的方式？下面这个母亲也许会教你一种排解的方法。

一位母亲发现自己的儿子在早恋，不仅没有斥责儿子，反而比过去更关心儿子，知道儿子喜欢语文，便鼓励儿子参加年级朗诵组，还启发儿子写日记，儿子的写作水平得到了迅速地提高。于是，儿子的习作频频出现在班级的墙报上。儿子渐渐有了成就感，就开始由一对一的交往转向了集体，常为班级做好事，被选入班委。一年后，儿子期末考试排全年级第五名，被评为"三好学生"。学习、集体活动成了儿子的主要活动，当初对异性的爱慕心理渐渐平息、淡化。

这就是情感转移的方法。所谓情感转移，是指通过从认知上和行为上的调整，将那些强烈而持久的消极情绪转移开去的一种心理疗法。

情感转移疗法适用于神经症、心身疾病和健康人的情感调整。

人们对任何事物都会做出情感的反应，问题是要将这种反应控制在一定的程度之内，而超过了一定的程度就会产生负面的情绪，如果强行将感情压抑在心中，就会造成心理和生理上的伤害。因此，必须把这种不良的情绪转移开去。例如选择一个非常有利于互相交流的场合，向亲朋好友倾诉自己心中的不平情绪，直到被人理解，而在宣泄不良情绪的过程中，还要以理性的观念调整自己的认识，正视自己，消除非理性的观念，这样才可以使不良的情绪得到转移、调整。

情感转移疗法除了上述的从认识上转移不良情绪，还应该从行为上实施。通过言语发泄以外，更重要的是做一些力所能及的工作，哪怕成功率是极微小的，但必须体现出自我价值，因为在提倡情绪转移的同时，并不排斥积极健康的情绪的发泄，更不是消极地要求心理平衡，而是在广泛地参加社会活动的过程中，体现出自我价值，从而达到不良情绪的转移。

失恋时最好暂时离开你所面临的情境，转移一下注意力，将情感转移到其他活动上去。暂时回避不好的心态，以便恢复心理上的平静，将心灵上的创伤抚平。比如说，去干你喜欢干的事，如写字、打球等，从而将你心中的苦闷、烦恼、愤怒、忧愁、焦虑等情感转移或替换掉。失恋的青少年可以把学习或工作的日程排得满一些，紧凑一些，使自己沉浸在繁忙的学习和工作之中，这也是情感转移的一个方法。

青少年朋友可以通过改变生活环境来进行情感转移。到一个新的环境或到大自然中去排解自己的情绪。恩格斯失恋后，选择到阿尔卑斯山旅行，向美丽的大自然倾诉爱情的痛苦。大自然是博大、宁静、慈爱的，经历了无数个世纪的风吹雨打、沧海桑田，它却变得越来越美丽，越来越坚强。让清风、流水、山川、花草树木来抚慰你受伤的心灵，在大自然中，你会发现自己的痛苦是那么渺小，生活中还有那么多美好的事物值得你眷恋、追求，你会感到自己的渺小和脆弱，你会变得心胸开阔，你会找到重新开始的力量。

失恋同样可以"化悲痛为力量"。爱情并非人生的全部内容。人不仅有爱与被爱的需要，还有更高层次的需要，那就是自我实现的需要！令你感兴趣的事情或工作也是治疗失恋的良药。"天生我材必有用"，是教师，你就应该继续站在讲台上传道、授业、解惑；是医生，你就应该继续救死扶伤；是学生，就应该以更高的热情投入学习。歌德正是根据失恋的亲身体会，把失恋的痛苦升华为创造的动力，写出了轰动一时的《少年维特之烦恼》。

⊙如果不进行适当调整，是爱也是伤害。

任何时代都有人饱尝失恋的痛苦，无论是伟人，还是凡人。但是，他们中的大多数常常勇敢地承受这巨大的痛苦。他们往往是些坚强的、有毅力的人，有高度的自尊心和稳定的心理状态。经过失恋的洗礼，他们变得更加坚强，更加成熟，更加懂得怎样去追求真正的爱情。

# 本领六：合理安排时间，努力提高效率
## ——时间记录了勤奋者的进步，也记录了懒散者的遗憾

 **哈佛告诉你**

一寸光阴一寸金，寸金难买寸光阴。时间如流水，不会等待迟到的懒惰者。时间就是生命，勤奋则是迈向成功彼岸的唯一途径，只有珍惜时间的人才会勤奋耕耘，才会懂得生命的珍贵。把握了时间你就把握了成功的金钥匙，丢失了它，碌碌无为的一生将会让你感到恼怒与悔恨。

## 时间在你眨眼时偷偷溜走了

时间的无声的脚步，往往不等我完成最紧急的事务就溜过去了。

——[英国]莎士比亚

时间是人们的生命存在的形式之一。生命与时间紧紧相依连，失去了时间，生命便成了虚幻；没有了生命，时间也就丧失了意义。

时间是最长的，它无始无终。新星爆发形成了星云，地球出现了江河，大地萌发了生命，原始森林里走出了人类，时间依然年轻。就时间的过去而言，不知流逝了多少；就时间的将来而论，它永无止境。

时间又是最短的，此时此刻你看了几行字，1 分钟便消失了；深吸一口气，又花了半分钟。当你坐在课堂里发呆时，当你和朋友海阔天空地谈论无聊话题时，当你伸懒腰时，当你眨眼睛时，你可知道时间已经从你身边偷偷溜走了吗？看看下面这个小故事会对你有怎样的启发。

在皮尔森先生的书店里，一位犹豫了将近 1 个小时的男人终于开口问店员了："这本书多少钱？"

"1 美元。"店员回答。

"1 美元？"这人又问，"你能不能少要点？"

"它的价格就是 1 美元。"没有别的回答。这位顾客又看了一会儿，然后问："皮尔森先生在吗？"

"在，"店员回答，"但是，他正忙着一本书的出版工作呢。"

"可我还是要见见他。"这个人坚持一定要见皮尔森。

于是，皮尔森就被找了出来。

这个人问："皮尔森先生，这本书你能出的最低价格是多少？"

"1 美元 25 分。"皮尔森不假思索地回答。

"1 美元 25 分？你的店员刚才还说 1 美元 1 本呢！"

"这没错，"皮尔森说，"但是，在你犹豫不决和与我讨价还价时，我的时间流走了，你要为占用我的工作时间付费，你不认为 25 分已经很便宜了吗？其他的话，我不多说了。"这位顾客惊异了。他心想，算了，结束这场自己引起的谈判吧，他说："好，这样，你说这本书最少要多少钱吧。"

"1 美元 50 分。"

"又变成 1 美元 50 分？你刚才不还说 1 美元 25 分吗？"

"对。"皮尔森冷冷地说，"我现在能出的最低价钱就是 1 美元 50 分。"

这人默默地把钱放到柜台上，拿起书出去了。

　　皮尔森用实际行为给这个男人上了令其终生难忘的一课：时间会在你做无意义的事情时流走，而流走的时间是无价的。

　　从此，这个男人争分夺秒地学习，最后终于成为一位有名的作家。

　　时间对人们来说就好比一笔财富。如果你不懂得珍惜，将钱用来买对你毫无价值的东西，起初你不会有所察觉，因为你的财产还有很多。但是，等到有一天，当你发现这笔财产已经被耗费得所剩无几时，想要再珍惜它就已经太晚了！财富的消耗还能引起我们的警觉，因为它是一种有形的东西，但是，时间却看不见、摸不着，是一种无影无踪的东西，如果你不时时提醒自己，它就消逝了，而且根本不会引起你的警觉。

　　时间总在不经意间溜走，许多青少年对于光阴的流逝却很少在意，但是随着年龄的增长，时间就会越来越引起青少年朋友的警惕，因为自己已经成为"时间强盗"的俘虏。

　　生活中有很多人甚至包括正在阅读的你，或多或少都有丢三落四的习惯，这种坏习惯所带来的时间浪费值得引起我们的注意。比如，将当天用的课本落在宿舍，取书往返需要 10 分钟，这 10 分钟至少可以记忆 3 个单词。日积月累，丢掉的不只是几个单词、某件事物，而是时间，是知识，是金钱，是生命！

　　有的青少年喜欢睡懒觉，早晨赖在床上不起来。时间就在这种似睡非睡、迷迷糊糊的状态中流走了。一日之计在于晨，这是我们都明白的道理。早晨睡半小时懒觉的时间，你可以用来做 3 道数学题，朗

⊙时光难倒回，青少年朋友应该珍惜时间，远离懒惰。

读 1 篇文章，记下 10 个单词，而且效率要比平时高 30%。这样算来，你浪费的就不只是半小时时间这么简单了。

还有的青少年物品摆放没有规律。写作业时，找书本用去 5 分钟，找钢笔用去 3 分钟，之后又找铅笔、小刀、尺子、橡皮，等东西都找到了，20 分钟过去了。这些时间如果没有浪费，恐怕作业已经做完了。

还有做事磨蹭、发呆、闲聊等，这些都是青少年经常做而且十分浪费时间的事情。这就是我们所说的"时间强盗"。对付这些"时间强盗"最好的办法是：改掉丢三落四的毛病，早睡早起不赖床，将物品摆放整齐有规律，做事果断不拖沓，利用空闲时间做些有意义的事情，珍惜你拥有的每一分钟。

# 充分利用闲暇时间

珍惜一切的时间，用于有益之事，不搞无谓之举。

—— [美国] 富兰克林

如果你总感觉学习或工作的时间不够用，不妨试试将闲暇时间充分利用起来。

闲暇时间也称作零碎时间，是指不构成连续的时间或一个阶段与另一个阶段衔接的空余时间。由于这样的时间不起眼，往往被人们毫不在乎地忽略过去。零星时间虽短，但若一日、一月、一年地积累起来，其总量也是相当可观的。充分利用闲暇时间，短期内也许没有什么明显的效果，但日子久了，一定会有惊人的成效。

我国宋代文学家欧阳修说："余平生所作文章，多在三上，乃马上、枕上、厕上也。"

三国时董遇读书的方法是"三余"：冬者岁之余；夜者日之余；阴

雨者晴之余。也就是说充分利用寒冬、深夜和阴雨天，别人休息的时间发奋苦学，他还认为"三余广学，百战雄才"。

看来，闲暇时间里确实蕴藏着伟大的力量，它足以使你成为不同寻常的人。

著名美国作家杰克·伦敦的房间，有一种独一无二的装饰品，那就是窗帘上、衣架上、柜橱上、床头上、镜子上、墙上……到处贴满了各色各样的小纸条。杰克·伦敦非常偏爱这些纸条，几乎和它们形影不离。这些小纸条上面写满各种各样的文字：有美妙的词汇，有生动的比喻，有五花八门的资料。

杰克·伦敦从来都不愿让时间白白地从他眼皮底下溜过去。睡觉前，他默念着贴在床头的小纸条；第二天早晨一觉醒来，他一边穿衣，一边读着墙上的小纸条；刮脸时，镜子上的小纸条为他提供了方便；在踱步、休息时，他可以到处找到启发创作灵感的语汇和资料。不仅在家里是这样，外出的时候，杰克·伦敦也不轻易放过闲暇的一分一秒。出门时，他早已把小纸条装在衣袋里，随时都可以掏出来看一看，想一想。

○闲暇时间亦蕴藏着伟大的力量，应充分利用。

鲁迅先生说过："我把别人喝咖啡的时间都用到读书和学习上。"他几十年如一日，从不浪费一分一秒，为我们留下了700多万字的著作。就在他重病缠身的日子里，还在抓紧时间工作和学习，在逝世的前1天，还写了他最后的一篇作品《因太炎先生而想起的二三事》，真是惜时到了生命的最后一息。

有人算过这样一笔账：如果每天临睡前挤出15分钟看书，假如一个中等水平的读者读一本一般性的书，每分钟能读300字，15

分钟就能读 4500 字。一个月是 135000 字，一年的阅读量可以达到 1620000 字。而书籍的篇幅从 6 万到 10 万字平均起来大约 8 万字。每天读 15 分钟，一年就可以读 20 本书，这个数目是可观的，远远超过了世界上人均年阅读量。然而这却并不易实现。

　　青少年朋友也可以效仿这些成功的伟人，充分利用自己的闲暇时间。已经有青少年朋友开始这样做了，他们将外语单词和语法记在小本子上，将本子随身携带，等公交车时拿出来读一读，排队买饭时掏出来背一背，日积月累，成绩自然会有显著的提高。

　　你一定不想落后，那就开始行动吧！让自己在闲暇时间里活动起来，相信你可以做到。

# 时间是"挤"出来的

完成工作的方法是爱惜每一分钟。

—— [英国] 达尔文

　　有人说过这样一句话："时间像海绵里的水，需要时，挤一挤，它就会出来。"是的，利用时间的一个很好的办法就是去"挤"。

　　任何事物都有其与众不同之处，时间也不例外，时间从某种程度上说是有弹性的。它"有时过得慢一些，有时过得快一些。又有时，特别敏锐地感到时间的步伐，这时，时间飞驰而去，快得只来得及让人惊呼一声，连回顾一下都来不及；而有时，时间却踟蹰不前，慢得像粘住了一样，简直叫人难受，它突然拉长了，几分钟的时间拉成一条望不到头的线"。如果你抓住了它的特点，并善于利用它，那你就把握了运用时间的要领。你想成就事业，不但要养成惜时的习惯，同时也要抓住时间的特点，为自己赢得更多的时间、更多的机会。古今中外的成功者，正是利用时间的这种特征，不断充实时间的容量，充实自己生命的容量。

例如，著名电影艺术家夏衍在看一部片子之前，总会挤出一部分时间，先把影片说明书拿来，了解一下故事情节，然后自己设想：假使这个本子叫我来编，我该怎样介绍人物，怎样介绍时代背景，怎样展开情节，怎样表现人物性格，在心里打下了一个腹稿。而在电影开映之后，一边进行艺术欣赏，一边进行学习。

沈从文曾精辟地说："挤，工作要挤才紧张，时间要挤才充裕。"他还说："不挤才是不正常的，挤才是正常的，应该欢迎挤，要知道，挤是使人进步的一个重要因素。一个人一生多少是要对人民有点贡献的，都是靠挤时间创造出来的。一个人如果常年不挤，而是松松垮垮，他将一事无成，虚度年华，浪费了生命。可见，挤对人没有坏处。"

国外也有许多值得青少年朋友学习的"挤"时间的高手。

有一个人从26岁开始，每天都要核算自己所用的时间，每个月底做小结，年终做总结。难能可贵的是，他56年如一日，直到1972年去世的那一天都没有间断过。

他靠的是记日记。没有什么能打乱他的这一习惯——休息、看报、散步、剃胡须……甚至女儿找他问问题，他都要在纸上做记号，一丝不苟地记下用了多少分钟。

他想方设法充分利用每一分钟的"时间下脚料"：乘电车时复习需要牢记的知识；排队时思考问题；散步时兼捕昆虫；在那些废话连篇的会议上演算习题……读书时间盘算得更细，"清晨，头脑清醒，我看严肃的书籍（哲学、数学方面的）；钻研一个半小时或两个小时以后，看比较轻松的读物——历史或生物学方面的著作；脑子累了，就看文艺作品。"他算自己一个小时的看书进度是：数学书4～5页，其他的书20～30页。最令他满意的是1937年7月，"这个月我工作了316小时，平均每天10.53小时。如果把纯时间折算成毛时间，应该增加25%～30%。我逐渐改进我的统计。"

他统计自己 1966 年所用的基本科研时间为 1906 小时，超出原计划 6 小时，平均每天工作 5 小时 13 分；与 1965 年相比，则超出了 27 小时。1967 年他 77 岁，他对这一年时间的统计是：读俄文书 50 本，用去 48 小时；法文书 3 本，用去 24 小时；德文书 2 本，用去 20 小时；同朋友、学生往来用去 151 小时……

多么单调、枯燥的记录，像发电报一样乏味，像会计记账一样干巴，除了醒目的加减数字，没有一点人情世故。然而，这些都是这位学者"挤"时间的明证，我们从中可以看到他对待生活、对待事业严肃认真的态度，看到他对时间的无比珍视。

这个牢牢驾驭住了时间，创造出"时间统计法"的人，就是当代杰出的昆虫学家亚历山大·亚历山德罗维奇·柳比歇夫。

你是否已经掌握了自己挤时间的方法？清晨漫步在校园时，边走边听外语广播，既锻炼了身体又训练了听力；休闲时，选择看外语原声电影，在放松娱乐的同时学习外语，是不是很不错的方式呢？

# 不要让明天为今天"买单"

> 我以为世间最可宝贵的就是"今"，最容易丧失的也是"今"，因为它最容易丧失，所以更觉得它宝贵。
>
> —— [中国]李大钊

明日复明日，明日何其多！
我生待明日，万事成蹉跎。
世人皆被明日累，春去秋来老将至。
朝看水东流，暮看日西坠。

百年明日能几何？请君听我《明日歌》。

这是清代钱泳写的一则《明日歌》，相信大家并不陌生。这首歌旨在告诫人们珍惜今日。珍惜当下，不要将事情拖到明日去做，明日复明日，长此以往，万事皆成蹉跎。

明代文嘉文写了一则《今日歌》，内容为：

今日复今日，今日何其少！

今日又不为，此事何时了？

人生百年几今日，今日不为真可惜。

若言姑待明朝至，明朝又有明朝事。

为君聊赋《今日诗》，努力请从今日始。

可以看出，这两位作者所要表达的主旨是相通的。

一日有一日的理想和决断。昨日有昨日的事，今日有今日的事，明日有明日的事。今日的理想、今日的决断，今日就要去做，一定不要拖延到明日，因为明日还有新的理想与新的决断。

拖延在人们的生活中经常会遇到，如果哪天你把一天的时间记录一下，会惊讶地发现，"拖延"耗掉了自己很多的时间。杰出人士能在瞬间果断地战胜惰性，积极主动地面对挑战。而庸人却深陷于"激战"的泥潭，自己被主动性和惰性拉来拉去，不知所措，无法定夺……时间就这样被一分一秒地浪费了。其实拖延就是纵容惰性，如果形成习惯，它会很容易消磨人的意志，使你对自己越来越失去信心，怀疑自己的毅力，怀疑自己的目标，甚至会使自己的性格变得犹豫不决，养成一种办事拖拉的作风。

杰出人士为了打败"拖延"这个敌人，往往会给自己制定一张严密而又紧凑的工作计划表，然后像尊重生命一样坚决地去执行它。

人们问富兰克林："你怎么能做那么多的事呢？""您看看我的时间

表就知道了。"他的作息时间表是什么样子呢？5 点起床，规划一天事务，并自问："我这一天要做些什么事？"上午 8 点至 11 点、下午 2 点至 5 点，工作。中午 12 点至 1 点，阅读、吃午饭。晚 6 点至 9 点，晚饭、谈话、娱乐、检查一天的工作，并自问："我今天做了什么事？"

朋友劝富兰克林说："天天如此，是不是过于……""你想爱生命吗？"富兰克林摆摆手，打断朋友的话，"那么别浪费时间，因为时间是组成生命的材料。"

富兰克林说："把握今日等于拥有两倍的明日。"今天该做的事拖延到明天，然而明天也无法做好的人，占了大约一半以上。不能做好今天的事，就可能无法做大事，也可能永远无法成功。所以，应该经常抱着"必须把握今日去做完它，一点也不可懒惰"的想法去努力才行。歌德说："把握住现在的瞬间，你想要完成的事物或理想，从现在开始做起。只有勇敢的人身上才会赋有天才的能力和魅力。因此，只要做下去就好，在做的过程当中，你的心态就会越来越成熟。那么，不久之后你的工作就可以顺利完成了。"

比尔·盖茨说，凡是将应该做的事拖延却不立刻去做，而想留待将来再做的人总是弱者。凡是有力量、有能耐的人，都会在对一件事情充满兴趣、充满热忱的时候，就立刻迎头去做。

当你对一件事情充满兴趣、热诚浓厚的时候去做，与你在兴趣、热诚消失之后去做，其难易、苦乐是不能同日而语的。因为当你充满兴趣、热诚浓厚时，做事是一种喜悦；而当兴趣、热诚消失时，做事是一种痛苦。

"要做，立刻就去做！""今日事，今日毕。"这是成功人士的格言。也应成为指导你行动的格言。今天有一篇文章要写是吗？那么，离开电视遥控器，到书房去完成它；今天接到一封朋友的来信是吗？那么，立刻打开它，认真阅读，然后回复，不要等到明天。有时，今天事务的重量，明天承受不起。

做个做事不拖延的人，做个对时间负责的人，记住：不要让明天为今天"买单"。

# 学会时间统筹

> 最拙于运用时间的人，总是为时间的快如闪电而大发牢骚。
>
> ——[法国]布律耶尔

　　想一想，人的一生除掉幼年顽童期与老弱暮年期，能够用来学习和工作的时间只有短短的不足 50 年。而其中除却休息、吃饭、休闲娱乐、无聊发呆、交际的时间，所剩的可以有效利用的时间少之又少。而且，时间是一辆不会掉头的列车，错过了，就不会再追赶上。那么，要充分、合理地利用这有限的时间，学会时间统筹是必需的。

　　那么，我们如何统筹安排自己的时间呢？

　　首先，我们头脑里面要对自己所做的事情有一个大致的轮廓。比如，今天都有哪些工作需要自己去完成？完成这些工作大概又需要多长的时间？我们还会有多少由个人支配的时间？假如你是老师，要上好一节课，在备每一节课的时候，除了备所要讲的内容以外，还要安排所讲内容的时间：复习的时间需要多长？新课讲授的时间又该留多长的时间？学生自己练习需要多长时间？这些每个老师在课前都要有一定的估计和判断，否则，就会当一个"拖堂"的老师，这是学生们最讨厌的事情。

　　接下来，我们就可以放手做需要做的事情了。但是在做某件事情的时候，就要把其他额外的想法都放下，把自己的精力全部集中在这件事上面，专心致志地做你现在的这份工作，这个时候，心里只有工作，这样我们就能够提高工作效率了。

　　当完成某件事情之后，我们就可以把自己从紧张的状态中解脱出来，彻底地放松一下，比如，到了星期天，我们就可以睡个懒觉，或者去郊外呼吸一下新鲜的空气，或者听听音乐，听听自己喜爱的流行歌曲，也可以上上网，和朋友们聊聊天，以各种方式放松自己。只有休息好了，我们才可以让自己在工作中保持充沛的精力。

关于时间统筹，下面有几条准则，你不妨试试看。

## 明确目标，制订计划

时间统筹的第一项法则是设定目标、制订计划。目标能最大限度地聚集你的时间。因此，只有目标明确，才能最大限度地节省和控制时间。

人生的道路，时间和价值是存在对应关系的。有目标，一分一秒都是成功的记录；没有目标，一分一秒都是生命的流逝。爱默生说："用于事业上的时间，绝不是损失。"

每天都应把目标记录下来，并且把行动与目标相对照。相信笔记，不要太看重记忆，养成凡事预先计划的习惯；不要定"进度表"，要列"工作表"；事务要明确具体，比较大或长期的工作要拆散开来，分成几个小事项。

玛丽凯说："每晚写下次日必须办理的 6 件要务，挑出了当务之急，便能照表行事，不至于浪费时间在无谓的事情上。"

确定每天的目标，养成把每天要做的工作排列出来的习惯，把明天要做的事，按其重要性大小编成号码，第二天上午头一件事是考虑第一项，马上去做，直至完毕；接着做第二项，如此下去。

可以将事情按计划有序地完成，并且可以提高办事效率。

合理运用时间，可以让你生命中的每个日子都值得"计算"，而不要只是"计算"着过日子。青少年要学会制定可行性目标的尺度，并将每天的目标做出详细的实现计划。天天有目标，时时有计划，这样就能珍惜自己的时间，永不浪费。

## 轻重缓急，主次分明

学习生活中，你也许会对那些成绩优异的学生的精力感到惊奇，

**有效的时间统筹**

不拖沓，立即行动

把握最有效率的时间

改善书桌和办公室的布局

制订计划，确定优先顺序

节制私人电话和聊天

他们每天有那么多的活动安排，却还能将自己的时间分配得有条不紊，不仅能轻松完成作业、阅读自己喜欢的书籍，并且还有时间休闲娱乐，难道他们一天不是 24 个小时吗？其实，答案是他们比别人更懂得"要干最重要的事情"。

列出你今天、这一周和这个月要处理的事情，在一张纸上画出 4 栏，并在左上角贴上"重要而且紧急"的标签，你应在这一栏内填入必须立即处理的工作，并依次写下每项工作的处理日期和时间。

在右上角贴上"重要但不紧急"的标签，并填入必须做，但不必立即处理的工作。同样依次写下每项工作的处理日期和时间，你应每天审查一下这一栏的工作，看会不会有工作变成"重要而且紧急"的项目。

左下角贴上"不重要但却紧急"的标签，在这一栏中所填写的，都是一些必须立即处理的琐事，诸如某人需要你的建议，有人要你马上去买一些小东西，等等。

最后，在右下角贴上"不重要也不紧急"的标签，你当然可以让这一栏一直空着，反正写在这一栏的工作，都是你可以不必在意的，但本栏的目的在于告诉你事实上有许多事情是属于"不重要也不紧急"的项目。

## 分配时间，提高效率

如果把最重要的任务安排在一天里你做事最有效率的时间去做，就能花较少的力气，做完较多的工作。何时做事最有效率、最对自己的胃口，因各人的生物钟不同而有差异，我们要根据自己最佳的学习状况，最充分地利用最有效率的时间。当你面前摆着一堆事情的时候，应先问问自己的学习习惯，哪一些时间做什么事最有效？大凡成功者都是码放时间的高手。据说，1902 年，著名科学家科尔在纽约的一次学术报告会上，曾轻松地走到黑板前，很快列出了两条算式，两次计算结果相同，证明 2 的 67 次方减去 1 是合数，而不是 200 多年来一直认为的质数，使与会者不禁叹为观止。有人问他为此花了多少时间，科尔回答说："3 年内的全部星期天！"

　　每个人的生物时钟不同，但大体上是有相通性的。一般来说，人体在早晨 9 点到 11 点，下午 2 点到 5 点的注意力是比较集中的，这时也是工作效率最高的。当然，也有人在晚上甚至深夜时头脑最清醒，思路最敏捷，往往一些很有创意的设想就是在这个时间段迸发出来的。那么，仔细考察一下自己的状况，拿出最有效率的时间做最重要的事吧！

　　大家都知道华罗庚的时间统筹实验。浇水、择菜、学唐诗，很简单的事情，采用时间统筹的方法便可以节省很多时间，并且将事情做得有条不紊。他的实验告诉了青少年朋友一个道理，时间统筹可以让你在最短的时间做最多的事，而且每件事都可以做得很出色。

# 本领七：快速处理各种有效信息
## ——面对信息冲击，保持敏锐头脑

**哈佛告诉你**

　　现代社会是一个靠信息生存的时代，在人们的交往过程中，所拥有信息量的多少成为机会的象征。面对信息大爆炸，你要具备敏锐的头脑，善于在信息风暴中搜寻有利信息，进行加工处理，为你所用。

## 我们生活在信息风暴中

> 科学的唯一目的，在于减轻人类生存的艰辛。
> ——[德国]布莱希特

　　你有没有意识到，我们正生活在信息风暴中？

　　现代社会是一种靠信息生存的时代，在人们的交往过程中，所拥有信息量的多少成为机会和财富的象征。人们总是把眼光盯在瞬息万变的社会中，世界正在成为一个巨大的信息交流场。1988 年，一根光纤电缆能同时传送 3 000 个电子信息，1996 年则能传送 150 万个电子信息，2000 年能传送 1 000 万个电子信息。一个商业信息也许能够创造一笔不小的财富。于是我们就会意识到信息的价值，就会在各种信息的载体上去获取更多的信息。

现在生活中布满了信息。承载信息的媒体也种类繁多。过去的媒体主要是书籍、报刊，后来有了广播电视，再后来是计算机的普及，直到现在，手机也成了信息的主要传播渠道。

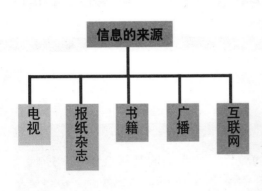

通过这些媒体，青少年朋友的生活也充斥着各种各样的信息。

逛商场时，满眼看到的是各种各样的商业信息。某某商场返券打折，酬惠新老顾客；某公司推出新一款高性能产品；某样商品的价钱发生了怎样的变化；某厂家的产品正在为打入市场而进行营销策划；卖什么商品能赚钱；哪只股票呈"牛市"，哪只股票呈"熊市"；哪个公司即将上市；哪些国外企业要开拓中国市场；中国哪家企业迈出了国门，走向了世界……

在休闲时，你可以接触到数不胜数的生活信息。如国家对盐、糖等生活必需品的价格做了哪些调节；哪里的房子地段好，而且价钱适中；装修房子需要注意室内空气的监察和检测；小区周围又开了几家超市；今年冬天的取暖费是否会有涨幅；出去旅游应做好哪些准备，应该在什么时段选择哪些景点；城市交通线路做了哪些改换……

在学习时，你还会发现身边布满了教育信息。哪所学校师资力量强、实力雄厚；哪座学校校纪校规严格，升学率高；哪所学校的专业设置合理；哪所学校毕业生的就业率高；出国应该选择哪个国家，选择什么专业，需要做什么准备，外语要达到什么程度，需要考托福、雅思还是 GRE，签证等手续怎样办理，怎样才能拿到奖学金……

找工作时，你又会遇到许许多多的就业信息。哪些公司招聘哪些职位，具体要求怎样，公司发展如何，待遇如何，等等。

这些信息都是与青少年朋友息息相关的，可以说，你的周遭正在发生新一轮的信息革命。无论是个人，还是国家，都不能忽视信息革命所带来的深刻变化。日本为了在信息革命中占据领导者的地位，开始研发第五代、第六代计算机；美国也在实施信息战中的战略防御计划；西欧也在很早以前就有与信息密切相关的尤里卡计划，并且努力建立欧共体，其实这也是为了各个联邦国家能够分享更多的信息，从而提高竞争力。

信息革命的步伐从其产生的那天开始，就没有停止过。在 20 世纪 90 年代末，人们所津津乐道的一个词语就是"知识经济"。从本质而言，如今的知识时代正起源于信息革命。现在，知识成为经济增长的基础，是否善于学习成为评价人才的标准，能否掌握有用的信息成为个人成就的关键，人类社会面临一场惊天动地的历史性变革。

当今社会，信息已经成为竞争中的关键因素。如果能够敏锐地发掘信息、加工利用信息，则可以在竞争中争得一席之地。但是，在信息时代没有常胜将军，往往就在你为成功而沾沾自喜的那一刹那，一条关键的信息就溜过去了，也许你会因此而丧失许多机会，失去在竞争中的主动性。

松下幸之助认为，现在是一个容易成功的时代。因为无论做善事或恶事，一下子就会传遍全国，而在以前，可能要一两个月甚至两三年的时间全国的人才会知道。过去在大阪、京都销路很好的商品，想在东京打开市场，可能要很长一段时间，可是现在一经网络传播，全世界马上都知道了。

正因为这种信息传递的加速，使得生活中处处都充满了机会，只要做一个有心人，善于发现事物中的一切细节现象，细心思索其中的关键因素，你就会把握住信息从而获得成功。

# 对信息要保持高度的敏感性

科学是使人的精神变得勇敢的最好途径。

—— [意大利]布鲁诺

古语云：月晕而风，础润而雨。其意思就是月亮周围出现光环，那就预示将有大风刮来，柱子下面的石墩子（础）返潮了，则预示着天要下雨。这是古代人们利用天象这一信息来预知刮风下雨，并由此做好防风防雨的准备。

把这句话用在对机遇的把握上，就是告诫青少年朋友要善于利用各种信息，从中捕捉机会，从而为成功做好准备。

见"础润"而准备雨伞，把握和充分利用机遇，就能有效地改变人生，把潜在的效益变成现实的效益。

1995 年，只身到美国留学的王颖，踏入异乡时身上只有 200 美元，举目无亲。她曾在美国人家里做过保姆，在中国餐馆里端过盘子。在不到 4 年时间里，她已创立了自己的公司，经营上千万美元的进出口贸易。她的成功，也是得益于信息效应。一次偶然的机遇，她在美国的一个商店里发现一种新的商品——韩国产的手工缝制提包。这种提包，在美国要 30 美元 1 个。而在中国，在王颖的记忆中，原料几乎不需要多少钱！于是她决定做手工缝制提包生意，当即通过传真同中国工艺品进出口公司联系，向美国 D&C 进口公司卖出了 50 个货柜的款式全新、质量优美的手工提包。短短几年，韩国的手工提包几乎不见踪影。

王颖正是凭借着对信息的敏感性，把握了这次商机。类似的情况在美国好莱坞也出现过。

好几位著名电影导演在看了《雨人》的剧本后，都认为这只是一个关于一位行为怪异的中年人和他弟弟的故事，不会引起大多数观众的兴趣。可巴里·莱文森却看到其惊人的潜力：如果在这部反映兄弟关系的剧本中，改编和表演时能用上幽默及戏剧化效果，那将引起很大的轰动。莱文森对达斯汀·霍夫曼说，在表现雷蒙·巴比特的病症时，"不要担心过分"。他的直觉果然正确。霍夫曼出色的演技征服了全世界的观众，影片所带来的票房收入也超过 5 亿美元。无疑，好莱坞肯定有人要称莱文森为幸运儿了。而这个幸运儿也是靠敏锐地嗅到了《雨人》剧本的价值才获得成功的。

实际上，获取信息并不像我们想象的那般复杂。用你的眼睛、耳朵和一张嘴巴就能够得到重要信息。

你的朋友、你的竞争对手，报纸、杂志、广播电视……都会有大量信息随时随地供你参考；食堂、教室、商场、咖啡屋……都能成为信息的源泉。实际生活中处处充满着信息，善于观察生活的人，总能找到成功的机遇。也就是说，只要对信息的敏感性强，就能捕捉到有用的信息。

⊙对信息要保持高度的敏感性。

对信息的敏感性来源于善思考、善联系、善挖掘，透过信息的面纱来感知隐含着的对自己有用的内容。好比在荒原上寻宝，宝不可能明摆在你的面前，要通过它表面的异常表现传达出的信息，判断宝可能就在下面，然后把宝挖出来。如果非要等到眼睛直接看到宝才弯腰去捡，那么大量的信息就会从你身边溜过，而机遇也将与你无缘。

# 广泛收集信息

天才跟科学结合，才能产生最大的效果。

——［英国］斯宾塞

有时，你会发现某一条信息对你来说用处不大或毫无用处，但你千万不要将它丢掉。也许将这条信息与其他信息匹配起来，会给你一种豁然开朗的感觉。你会意识到自己得到的信息量还不够多，这就需要你去广泛地收集信息，不要认为收集信息是一项枯燥的工作，其实你是在积累一个个机会。这就像一个人学习知识一样，不可能刚开始就是一个非常优秀的学者，只能靠逐步地积累。即使那种非常有天赋的人，也要从积累开始。当一个人的知识积累到一定程度之后，他就会有不同寻常的理解力，于是就可以透过现象抓住本质性的东西。信息其实就是平时积累的材料。

通过不断的积累，再与生活两相对照，你就会发现哪些材料是有价值的，哪些是毫无用处的。这样你就可以去伪存真，信息就成了你的资源。信息的收集就是生产资料的组织，所以收集好信息，就成了成功路上关键的一步。

第一步，必须认准你的奋斗方向，以明了自己究竟需要哪方面的信息。一般来讲，你的人生目标和你努力的方向，将帮助你决定自己所需的知识和信息。第二步的要求就是，你知道能从哪些途径获取可靠的信息，其中比较重要的有以下几点：一是本人的经验和所受的教育；二是与别人合作，与他人交往时可能得到的经验和教训；三是向社会开放的大专院校；四是公共图书馆；五是各类新闻报刊；六是专业培训；七是网络……

各行各业中的成功人士，从不停止获取与他们的主要目标、事业或职业有关的专门知识和相关信息。而人们通常对具有开发价值的信息熟视无睹的原因，就在于缺少捕捉信息的意识和紧迫感，而且缺乏整理自己每天所看到的东西的意识。所以，青少年朋友必须树立多方收集信息的意识，使自己成为捕捉信息和机遇的有心人。正如俗话所说："说者无心，听者有意。"只要你每天都有意识去收集信息，好比树起了全天候的"雷达天线"，就能在大量的新闻报道、广告聊天中发现闪光的金子和难得的机遇。

澳大利亚富仁达酿酒集团的头号人物纳克尔先生，把中国的对外开放当作自己发展事业的机遇，于是他决定到中国来发展。首先，他对中国的啤酒市场做了大量的调查，从各个角度去了解信息。除了对市场潜力进行分析，同时也对中国政府的政策以及投资环境、城市选择都做了详细的考察，并且把在上海和广东投资 2 个大啤酒厂视为自己的一项战略行动。他在调查中发现，随着中国经济的发展，啤酒的消费量在过去 6 年平均每年增长 18%，4 年之内中国将成为世界上仅次于美国的第二大啤酒市场。这是一个非常诱人的机会。同时中国当前有大约 800 家酿酒厂，用西方标准来衡量的话，大都属于小型的。而富仕达计划在上海、广东建造的酿酒厂比目前任何一家都要大。即使这项计划实现了，它在这个潜力巨大的市场上仍占一小部分的份额。

调查得出了激动人心的结论，富仕达的前途在亚洲，而最具发展潜力的市场在中国。中国的市场为富仕达提供的是"黄金般的机会"。

在信息收集方面做得比较优秀的，还有我国的海尔集团。海尔在打入世界市场之后，不但迅速进行了战略调整，还对自己的产品进行了优化。当进入印度市场时，海尔了解到，印度的生活用电电压不稳定，经常突然断电。海尔根据收集到的这一信息，对海尔电冰箱的电路进行了改良，换成了能够耐受较大范围电压变化的设计模式，即方便了印度消费者，又延长了冰箱的使用寿命，同时为海尔赢得了美誉。与此类似，海尔还开发了供留学生用的可做写字桌用的轻便式小冰箱，适合洗夏季服装的节能型洗衣机，等等。这些都是在海尔广泛收集市场信息之后综合处理得出的结果。

青少年要养成收集信息的习惯，只有掌握更多的信息，才能够从信息中找到机遇，才能够有更长远的发展。

# 对众多信息进行有效筛选

科学的根本精神，全在养成观察力。

—— [中国] 梁启超

当面前有一个目标时，你会从各种渠道得到各种各样的信息。这些信息中，有的足以决定你的成败，有的可以促使你获得成功，而有的却是负面信息，它不但不会对你的工作产生促进作用，还会产生阻碍作用。更有些信息本身就是假信息，它会带你走上弯路甚至歧途。青少年朋友掌握了足够多的信息后，首先要做的就是去伪存真，剔除虚假信息对自己的干扰；其次，就要对真实的信息进行筛选，选出对实现目标有利的因素，去除那些阻碍因素；最后，就是要利用筛选出来的有用信息和自己的认识、判断力，采取有效的行动来达到目标。

下面来看看布朗先生是怎样做的。

布朗先生是美国某肉食品加工公司的经理，一天，他在看报纸的时候，看到一个版面上有以下几条信息：美国总统将要访问东欧诸国；部分市民开始进行反战游行；英国一科学研究室称未来 10 年有望克隆人体；墨西哥发现了类似瘟疫的病等等。看到这些信息，职业敏感性

让他马上嗅到了商业机会。他意识到
"墨西哥发现类似瘟疫病例"这条信
息对自己很重要。他马上联想到：如
果墨西哥真的发生瘟疫，则一定会传
染到与之相邻的加利福尼亚州和得克
萨斯州，而从这两州又会传染到整个
美国。事实是，这两州是美国肉食品
供应的主要基地。如果真如此，肉食
品一定会大幅度涨价。于是他当即派
人去墨西哥考察证实，查证结果是：
这条信息是真实可信的，墨西哥政府
已经在想办法联合美国部分州政府共
同抵御这场灾难。于是，他立即集中

⊙对信息进行考察和筛选，能够帮你发现
更多的机会，有更好的发展。

全部资金购买了加利福尼亚州和得克萨斯州的牛肉和生猪，并及时运
到东部。果然，瘟疫不久就传到了美国西部的几个州，美国政府这时
下令禁止这几个州的食品和牲畜外运，一时美国市场肉类奇缺，价格
暴涨。布朗在短短几个月内，净赚了900万美元。

　　这一成功的案例中，布朗先生所做的几点是值得青少年朋友学习
的。首先，他从各种政治新闻、科技新闻、社会新闻中发现了一条可
能对自己有用的信息；其次，他及时地验证了信息的真伪；再次，他
采取了果断的行动。同时，他还运用了自身的其他信息储备。他的地
理知识帮了他的忙：美国与墨西哥相邻的是"加利福尼亚州和得克萨
斯州"，此两州为全美主要的肉食品的供应基地。另外，依据常规，当
瘟疫流行时，政府会下令禁止食品的外运。禁止外运，便会使美国肉
类奇缺、价格高涨。精明的布朗就是利用善于对信息进行筛选这一本
领加之其他方面的能力，获得了900万的利润。

　　收集与积累信息只是一个准备过程，有些东西也许你从来都不会

用上它，而有些信息的出现绝对是一次性的，此后出现的信息也不会与以前的完全一样。那为什么还要去收集与整理，并要建立信息库呢？其实这是个思维训练的过程，你要学会从所收集的信息中挑选出最有价值的，并努力去应用它。只有经过无数事实的检验之后，你才会获得一种特别的经验，那时你就会牢牢抓住那提供成功机会的信息。

青少年可以做这样的练习，即仔细、认真地阅读报纸，把自以为重要的信息剪下来，进行前后对比，并对信息进行考察、筛选，看哪些信息现在就可以利用，哪些信息以后可能会有用，然后对信息进行加工处理，寻找并引出结论。

青少年在平时就应该注意进行对信息收集和筛选的训练。生活中多观察、多思考，看哪些信息是真实的，哪些信息是可以利用的，哪些信息是可以为自己带来效益的。熟练地驾驭了信息，你能够发现更多的机会，有更好的发展。

# 加工信息，使之更适用

学会在信息中加入你的创意，这个信息对你就是真实有用的了。
—— [中国] 张瑞敏

一条信息的价值如何，关键看对自己有多大的作用。如果你对纷繁复杂的信息进行有效整理和加工，自己的感知系统就有了选择性、方向性，就可以在众多的一般性信息中敏锐地发现别人看不到的机遇。这样你就能在有限时间内掌握更多有价值的信息，找到更多的发展机遇。

但在工作开始之前，你还没有具体的设想，而面对纷繁复杂的信息世界，你又不能放弃，那怎么办呢？这就需要整理了，可以用简单、方便折封袋档案整理法，将你收集到的信息按照关键字的音序排列起来，将记事便条、报告用纸、小册子、稿纸、收据、报纸剪条等放入档案袋，即建立你自己的信息管理系统。

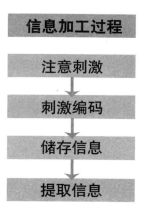

信息加工过程

注意刺激

刺激编码

储存信息

提取信息

在你有空闲的时候，把这些信息拿出来看看，它们分别是关于什么样的主题，然后把相关主题的信息摆在一起，并串成一"小札"，完成许多"小札"之后，再进一步思考这些小札之间的关系，将逻辑相连者集在一起。

一旦根据逻辑关系归纳出许多小札后，即把它们固定在一起，并附上标题纸片。这样你就可以对这些信息进行驾轻就熟的使用了。下面这个小故事中的主人公就是一个加工信息、为我所用的高手。

同一个城市有两家竞争激烈的制鞋厂，他们为了抢占市场，都使出了浑身解数。这一次，他们同时看中了一块市场，太平洋上的一个岛屿。但究竟这块市场有没有发展前景呢？他们不清楚，也不敢贸然行事，各自派出了业务员到岛屿上进行考察。

一个月过去了。

甲厂的业务员回来后，沮丧地对经理说："这块市场没有开发前景。因为岛上没有人穿鞋子，我们的鞋子不会卖出去的。"

乙厂的业务员回来后，却带来了截然相反的结论，他告诉经理这个市场前景广阔，而且已经拿来了一批订单。

也许大家都疑惑了，甲、乙厂的业务员调查的是同一个市场，这个岛屿上的人都不穿鞋，乙厂的业务员是怎样得出"市场前景广阔"的结论，并拿到了订单呢？

原来事情是这样的：乙厂的业务员到了岛屿上以后，发现岛上的人都不穿鞋子，而且这个岛的气候比较潮湿闷热，岛上许多居民都患了程度不同的脚病。他掌握了这些信息之后，认为这些信息之间一定存在某些联系。经过调查，他发现这个岛上的居民一直都没有穿鞋子的习惯，环境潮湿闷热，再加之卫生条件不是特别好，使得打赤脚的岛民容易生脚病。将这些信息进行综合加工之后，他认为当务之急是让岛民接受鞋子。

他没有选择住在旅馆，而是住在了岛民家里，与他们同吃同住。期间，他把自己带来的鞋子分发给岛民，让他们试穿，告诉他们穿鞋子的好处，并且向他们灌输穿鞋子更加文明的理念，传授给他们保养脚的方法。岛民将他当作朋友，很高兴地接受他送的鞋子，并且真实地感觉到穿鞋子很舒服。慢慢地，也就有了乙厂的订单和市场。

不容否认的是，乙厂的业务员很聪明，而且头脑很敏锐。他抓住了各种信息之间的联系，并对这些信息进行深加工，发现了这个潜在的巨大市场。

加工可以使信息更全面、更系统，加工可以使你更熟练地驾驭信息，加工可以使信息的实用性更高，加工可以揭示出隐含的深层信息。信息加工是发现机遇、把握机遇的方法，是当代青少年应具备的重要本领。

8

# 本领八：熟练掌握至少一门专业技能
## ——至少有一样拿得出手

 **哈佛告诉你**

要在社会上安身立命，必须有一样拿得出手的专长。不学无术、得过且过，没有掌握半点拿得出手的本事行不通；虽好学肯干，但用心不专，本事虽多，却水平一般，没有一样拿得出手的本事仍是行不通。你必须掌握一门精练的专业技能。

## 百门通不如一门精

如果你没有演讲才能，你要具备经商的头脑；如果你没有经商的头脑，你要具备运动员的强健体魄；如果这些你都没有，你要能够向上帝祈祷。

——［英国］泰勒

101

做通才还是做专才？这恐怕是在成长过程中一直困扰青少年朋友的一个问题。青少年朋友都想学习更多的本领，但人一生的精力是有限的，要懂得合理分配才能有所成就。如果你将精力分摊到几件事情上，就会发现每件事都可以做但不会做到最好。而现代社会是一个专业化的社会，并不缺少什么都会一点的人才，而是缺少业化的技能人才。在这里，你只有业有所精、技有所长，使自己在某一领域中有过人之处，你才能获得更多成功的机会。否则，自认为是多才多艺，实则是样样不精。

多年前，当电脑自动化的新技术还未面世时，在工商管理方面极负盛名的哈巴德曾经这样说："一架机器可以取代50个普通人的工作，但是任何机器都无法取代专家的工作。"

果然，现代数以万计的普通工作都已经由机器取代了，但专门人才的地位还是稳如泰山。因为没有这些专家来操纵机器，机器就会像废物一样毫无用处。

人生在世，安身立命，你必须有一样拿得出手的专长。不学无术、得过且过，没有掌握半点拿得出手的本事肯定不行；虽好学肯干，但目标散，用心不专，这样本事虽多，却大都水平一般，没有一样拿得出手也不行；浅尝辄止，"半罐"既安，不能学精学透，这样虽有一样本事，仍然拿不出手，还是不行。俗话说，不怕千招会，就怕一招熟。如果学东西学得不够精，比上不足，比下有余，在外行面前还能耍一下威风，但遇到了真正的行家里手，就会露出破绽。

很多人往往就是靠着一首歌、一部影片或是一个引人注目的成就而一炮走红、一夜成名的。美籍华人歌手费翔在1987年的春节联欢晚会上以一首《冬天里的一把火》一炮打响，此后尽管他再未露面，从公众视野中消失了将近20年，但是2005年他再度登台，唱的仍是那首《冬天里的一把火》，依然受到中国歌迷狂热的欢迎。尽管他也唱过不少别的歌，但人们一提到他，人们想起的依然还是那首《冬天里的一把火》。

古代天津有位小名叫"狗子"的生意人，只是对蒸包子有所专长，他成功地创下了一个名扬中外的狗不理包子；北京的王麻子只是剪刀做得好，他却凭它成功地开创了自己的事业。相反，许多知识涉猎广博的人，对各个领域都是浅尝辄止，结果一生平庸，默默无闻。

当代社会是一个竞争的社会，要在这个环境中立足、发展，你至少要有一样技能拿得出手。

# 一技在手，事半功倍

人有一技在身，胜过家财万贯。

—— [美国] 富兰克林

掌握一门技能，对学习和工作的影响是积极的、显而易见的，同时也是巨大的。将技能熟练掌握在手里，往往能够起到事半功倍的效果。

一技之长是生存之根本，不论你想在哪一方面有所成就，也不论你想从事什么职业，都需要有自己的专长。

一技之长可以帮助你完成一番事业。只要有一技之长，就能够在这个竞争的社会生存；只要有一技之长，就能够做出不一样的成就；只要有一技之长，你就不会怕。

1946年的秋天，26岁的汪曾祺从西南联大肄业后，只身来到上海，打算单枪匹马闯天下。在一间简陋的旅馆住下后，他就开始四处找工作。工作显然不好找，他便每天在胳肢窝里夹本外国小说上街。走累了，他就找条石凳，点燃一支烟，有滋有味地吸着，同时，打开夹了一路的书，细心阅读起来。有时书读得上瘾了，干脆把找工作的事抛到一边，一颗心彻底跳入文字里。

　　日子越拖越久，兜里的钱越来越少；能找的熟人都找了，能尝试的路子都尝试过了，却始终不见成效。他为此郁郁寡欢。终于，有一天下午，他一反往日的温文尔雅，像一头暴怒不已的狮子，拼命地吼叫。他摔碎了旅馆里的茶壶、茶杯，烧毁了写了一半的手稿和书，然后给远在北京的沈从文先生写了一封诀别信。信邮走后，他拎着一瓶老酒来到大街上。他边迷迷糊糊地喝酒，边思考一种最佳的自杀方式。他一口口猛灌烧酒，内心里涌动着生不逢时的苍凉……晚上，几个相熟的朋友找到他，他已趴到街侧一隅醉昏了。还没有从自杀情结中解脱出来的汪曾祺很快就接到了沈先生的回信。沈先生在信中把他臭骂了一顿，沈先生说："为了一时的困难，就这样哭哭啼啼的，甚至想到要自杀，真是没出息！你手里有一支笔，怕什么？"

　　沈先生在信中谈了他初来北京的遭遇。那时沈先生才刚刚 20 岁，在北京举目无亲，连标点符号都不会用，就梦想着用一支笔闯天下。但只读过小学的沈先生最终成功了，成为国内外享有盛誉的大作家。读着沈先生的信，回味着沈先生的往事和话语，汪曾祺先是如遭棒喝，后来一个人偷偷地乐了。他终于想通了：我有一支笔，写得一手好文章，我还怕什么呢？

　　不久，在沈先生的推荐下，《文艺复兴》杂志发表了汪曾祺的两篇小说。后来，汪曾祺进了上海一家民办学校，当上了一名中学教师，再后来，他也和沈先生一样，成了国内外享有盛誉的作家。

　　生活就是这样的，它不会轻易让某一个人没落，只要你掌握一种技能，实际上就是持有一张通行证；如果你弹得一手好琴，这也许就是你进入音乐领域的通行证；如果你画得一手好画、写得

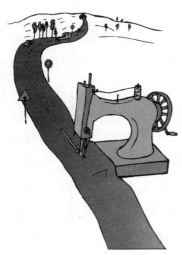

◎一技在手，事半功倍。

一手好字，这也许就是你进入美术行业的通行证；如果你讲得一口流利的外语，这也许就是你进入对外行业的通行证；如果你做得一手好菜，这也许就是你成为酒店名厨的通行证；如果你有超人的口才，这也许就是你进入律师行业的通行证……

就像看电影需要一张影票做通行证，青少年朋友生活的路上处处有关口，处处都需要你出示通行证。如果你拿不出一张足以通过关口的证明，只能像流浪者一样在街道上徜徉，而没有归宿。

# 结合兴趣学习技能不会觉得累

学问必须合乎自己的兴趣，方才可以得益。

—— [英国] 莎士比亚

兴趣，是一个人充满活力的表现。生活本身应该是赤橙黄绿青蓝紫多色调的。有兴趣爱好的人，生活才有七色阳光，才能感受到生命的珍贵可爱。

技能，是一个人立足社会之本。专业技能的掌握可以使青少年朋友更轻松地融入生活、适应生活、改善生活。掌握了过硬的专业技能，也就相当于获得了通往优质生活的通行证。

将兴趣与技能结合在一起，结合兴趣学习技能可以保持持久的动力，不会觉得劳累。

人的兴趣千差万别。准确地了解和分析自己，做出正确的评估，然后，根据自己的兴趣，发挥优势，建立独具一格的技能架构，使自己的长处得到有效的发挥，这才是最根本的。因此，最佳技能架构必须是因人而异的，绝不能生搬硬套，削足适履。如果不了解自己的兴趣和特点，避其所长，扬其所短，就有可能事倍功半，白白地消磨掉许多年华岁月。

　　另外，对自己的学习工作要有一种出奇的迷劲。入迷能使人调动起全部的能量，全神贯注地研究和解决所遇到的问题，从而迸发出最大的智慧和才干，发掘出以前曾蕴藏在体内的全部潜能。日本著名教育家木村一说："所谓天才人物，指的就是强烈的兴趣和顽强的入迷。"人在从事自己所迷恋的事业时，往往会全力以赴，其需要、情感、动机、注意力、意志和智能等项品质专注于一个目标，容易产生"聚焦"作用，常常再苦再累也心甘情愿，对成果的取得、专业素质的造就起着极大的推动作用。正如蒲松龄所说："性痴，则其志凝；故书痴者文必正，艺痴者技必良。世之落拓而无成者，皆自谓不痴也。"

| 如何培养兴趣 |
| :---: |
| 尝到成功的甜头 |
| 避免急躁情绪 |
| 常常进行鼓励 |
| 提防反抗情绪 |

　　有益健康的兴趣，能使人在潜移默化中享受生活的馈赠，接受文明的陶冶，培养良好的性格、毅力、意志等优秀心理气质。

　　在整个人类文明史上，不少文坛俊杰、科学巨擘、商界行家、政坛精英，都有自己独特的、丰富的兴趣爱好。

　　他们既是执着创造的事业中人，又是富于生活情趣的性情中人。事业是他们的不朽生命，生活则是他们纵横捭阖的广阔天地。他们在享受立业之欢愉的同时，又以自己斑斓多彩、瑰美奇绝的闲情雅趣，装点着生活的艺术，拓展着独特的才华。

　　许多文人、学者、画师钟情于大自然，他们或是拨动山水之韵，或是追寻绿的踪迹，或是醉赏风花雪月，或是独享月色的清幽。他们栉风沐雨，散怀山水，江海踏浪，遨游天下，贪婪地阅读着浩浩宇宙之书。大自然的神韵带给他们创造的灵感，助他们在事业的海洋中自由地游弋。不少名家在休闲时刻都有自己丰富的爱好，他们或情系花香，或醉恋草木，或宠爱生灵，或迷于音乐，或欣赏艺术，或闲读诗书，或博藏珍玩，或强身养性……在五彩缤纷的生活中，享受人生之趣，使自己的事业和身心都得到和谐、均衡、健康的发展。

　　有了兴趣，一个人就会全身心地投入到所学的专业技能或正在从事的工作中。我们都知道阿基米德对数学和物理学的兴趣已经达到了痴迷的程度，因此他的研究才取得了辉煌的成就。

国王让人做了一项纯金的王冠，但是他又怀疑工匠在自己的王冠中掺了银子。他想治工匠的罪，可是又拿不出证据，因为这顶王冠与当初交给工匠的纯金一样重，谁也不知道工匠到底有没有捣鬼。

这个问题到底应该怎么解决呢？国王考虑了很久，也没有找到解决的办法，只好把这个棘手的难题交给了阿基米德，还要求他不能破坏王冠。怎么办呢？阿基米德辗转难眠，冥思苦想。他起初想到了很多方法，但都一一失败了。

有一天，他去澡堂洗澡，就在他坐进澡盆的时候，一件很普通的事情发生了。因为水盆里的水很满，所以阿基米德坐进去的时候，里面的水就开始往外溢，同时他还感到身体被轻轻托起。突然，阿基米德恍然大悟，跳出澡盆，连衣服也忘了穿，就向王宫直奔而去，一路大声喊着"尤里卡，尤里卡（这是希腊语，就是"我知道了"的意思）！"原来，就在跨进澡盆的一瞬，他想到，如果王冠放入水中后，排出的水量大于同等重量的金子排出的水量，那这顶王冠肯定是被工匠掺了银子。最后的试验结果验证了阿基米德的设想。

那个工匠最终有没有被国王治罪已经并不重要了，重要的是我们从这个故事中看到了阿基米德的投入。正是这种投入，使他成为一名伟大的学者，而这份投入，完全源于他对科学的浓厚兴趣。

有了兴趣，做什么事情都会感到身心愉悦、轻松愉快，哪怕是像阿基米德一样攻克科学上的一个个难题，也会觉得浑身是使不完的力气，学习工作都会有持久的动力。

青少年朋友在学习专业技能的过程中往往会感觉到枯燥、疲惫，那是因为你对所学知识和技能没有足够的兴趣。如果能够发现所学知识的诱人闪光点，激发出你的兴趣，还怎么会感觉到累呢？

# 熟练不能只停留在课本中

纸上谈兵打不了胜仗，好战士需要炮火的历练。

——[中国] 朱德

在一次招聘会上，一家机械生产公司收到了几十份简历。经过认真筛选，3 个人进入了面试阶段。

这 3 人中有两个是本科生，一个是专科生。大家都以为，人选只能从两个本科生中产生，究竟选谁，就看他们的表现了，毕竟公司只能留下一个人。

进入面试现场，3 人都有些吃惊，这不是老板的办公室，也不是公司的接待室，而是生产车间。

老板亲自面试，告诉他们，自己选人，看动手能力，不看学历。面试的题目是要求 3 人在 1 小时内将面前的零件组装成一辆自行车，并要通过基本性能测试。

一声"开始后"，3 人都忙活起来。原来很被看好的 2 个本科生手忙脚乱，手里拿着零件这试试，那看看，就是拼装不起来，急得满头大汗。而那个专科生却不慌不忙、有条不紊地熟练拼装。没有用 1 小时便安装完毕并通过了性能测试。

最后，老板留下了那个专科生。

在送走两个本科生时，老板意味深长地对他们说："从简历来看，你们足够优秀，你们的专业知识掌握得很不错。但是，你们的水平只停留在课本中，而我需要的是能够动手的人。'熟练不能只停留在课本中'，希望你们能够明白。"

技能主要通过实践训练而来，因此，这就涉及操作能力或称动手能力。动手能力可视为实行能力、完成的能力。会动脑，善于提出想法，形成构想与方案，要靠思维与想象，但要兑现，就看动手能力如何。技能主要指一定的操作能力。一个人某方面的技能良好，实际上指他在这方面的动手能力强。

许多学科与专业对操作能力的依赖性很强，从业者的能力形成与提高很大程度上取决于其相应操作能力的状况。这些领域的有所建树者必须具备相应水平的操作能力。动手术是外科医生医术水平的重要标志，也是他们提高医术水平的重要途径。一个外科医生，如果只看不做，不进行高难度的操作能力训练，永远不能成为一个好医生，科技论文的写作技能也是科研工作者的重要技能，一方面，通过论文进行对外的学术交流，可提高自己的专业科研能力；另一方面，通过论文的输出，使自己的学术水平与科研能力得到同行与社会的认可，能力价值得以实现。缺乏技能有时会使能力的输出与发挥大打折扣。教学效果是衡量教师水平的重要标志，而教学效果往往与教师的教学方法（技能）密切相关，良好的教学技能往往能收到良好的教学效果。有许多教师，知识渊博，科研水平也不错，却缺乏授课技能，因此不能成为受欢迎的老师。

青少年朋友在技能的学习与培养中也要注意动手操作能力的锻炼和培养。如果想成为计算机高手，只看书上写的程序和网页制作方法是没有用的。一定要坐到计算机前，手放到键盘上敲击，

⊙熟练的技术是成功的基础条件。

自己亲手做一个网页，哪怕不成熟、不美观，也没有关系，练得多了，自然会做得越来越好。如果想成为辩论高手，看上多少本《如何训练口才》都不如亲自开口说一说，找个机会练一练，哪怕你没有辩过对手，

实战的经验毕竟是宝贵的。多参加几次辩论赛，多参与一些演讲活动，你的口才会在锻炼中迈上一个新台阶。

# 成功来自对自己强项的极致发挥

不去利用优势等于没有优势。

—— [美国] 约翰·米勒

一个人没有独特的强项，想要在人生的平台上立住脚，恐怕是天方夜谭。换句话，你要想让自己成为一个别人无法替代的人物，你应当独有所长，即想尽办法，培养自己的强项。

你的强项就是你的与众不同之处。这种强项可以是一种手艺、一种技能、一门学问、一种特殊的能力，或者只是直觉。你可以是厨师、木匠、裁缝、鞋匠、修理工，等等，也可以是机械工程师、软件工程师、服装设计师、律师、广告设计人员、建筑师、作家、商务谈判高手、"企业家"或"领导者"，等等，但如果你想成功的话，你不能什么都是。成功者的普遍特征之一就是，由于具有出色的强项，从而在一定范围内成为不可缺少的人物。

有了强项，并把它发挥到极致，就是成功。

这方面的例子实在是太多了：达尔文学数学、医学呆头呆脑，一摸到动植物却容光焕发，他将这方面强项发挥到了极致，终成生物界的泰斗。阿西莫夫是一个科普作家的同时也是一个自然科学家。一天上午，他坐在打字机前打字的时候，突然意识到："我不能成为一个第一流的科学家，却能够成为一个第一流的科普作家。"于是，他几乎把全部的精力都放在科普创作上，终于成了当代世界最著名的科普作家。伦琴原来学的是工程科学，他在老师孔特的影响下，做了一些物理实验，逐渐体会到那才是最适合自己干的行业，经过努力后来果然成了一个有成就的物理学家。

汤姆逊由于"那双笨拙的手"，在处理实验工具方面感到很烦恼，因此他的早年研究工作偏重于理论物理，较少涉及实验物理，并且他找了一位在做实验及处理实验故障方面有惊人能力的年轻助手，这样他就避免了自己的缺陷，努力发挥自己的特长，奠定了自己在物理界的研究地位。珍妮·古多尔清楚地知道，她并没有过人的才智，但在研究野生动物方面，她有超人的毅力、浓厚的兴趣，而这正是干这一行所需要的。所以她没有去攻数学、物理学，而是进到非洲森林里考察黑猩猩，终于成了一个有成就的科学家。

如果你关注中央电视台一套节目每天 12 点半的《今日说法》栏目，应该对主持人撒贝宁并不陌生。可以这样讲，撒贝宁能走到中央电视台，是"说"这一突出的强项帮了他一个大忙。

撒贝宁出生在军人家庭，他的父母都在部队从事艺术工作。撒贝宁从小就非常喜欢唱歌、跳舞和演讲。小学五年级时，撒贝宁就获得了武汉市五年级口头作文竞赛第一名的优异成绩。

升入中学后，撒贝宁对演讲、唱歌产生了浓厚的兴趣，为了提高演讲水平和舞台形象，他常常一个人在家里对着镜子一遍遍地训练，并把自己的演讲录下来，反复听、反复练。功夫不负有心人。从初二到高一短短的两年多时间里，他参加 10 余次市、区级演讲比赛，每次都取得了第一名的好成绩。

1994 年 9 月，撒贝宁进入北京大学后，积极参与各种活动，很快便成为北京大学里有名的"活动家"。凭着标准的普通话和良好的综合素质，他入校不久便被推荐担任了北大广播电台副台长兼播音员。他还担任北大戏剧社社长、北大合唱团男高音领唱。1996 年 7 月 1 日，中央电视台"心连心"艺术团到北大演出，他又作为特邀嘉宾主持人与王刚、刘路和桑燕一起主持了这场晚会。

1998 年，经过测试，撒贝宁顺利通过考核，被《今日说法》栏目录取，实现了他当一名法制宣传者的愿望，开始了边读书边做主持人的生活。如今《今日说法》出的节目中，有近 1/3 是由撒贝宁主持的。撒贝宁曾说："我喜欢演讲，演讲给我自信，演讲锻炼了我的心理素质和应变能力，演讲这一项突出的能力对我的发展进步能起到巨大的推动作用。"

撒贝宁并非学播音主持专业，但他凭借自己的刻苦训练，凭借自己的聪明才智及虚心好学的精神，使自己拥有演讲这一突出的强项，这一强项不但改变了他的人生之路，还屡屡给他带来荣誉：

——全国电视法制栏目主持人大赛，撒贝宁获得了一等奖。

——中央电视台"荣事达杯"电视节目主持人大赛，他一路过关斩将，终于笑到最后，夺得了金奖。

撒贝宁将他"演讲"的专长发挥到了极致，从中学到大学，从大学到工作，他一直在努力锻炼自己的口才，不断地演讲，最终，正是演讲帮助他成就了事业。

每一个人都有自己的梦想，每一个人都能够成功，只要你有拿得出手的专长，并且将这个专长发挥到极致。

# 本领九：懂得创造性合作
## ——掌握统合综效法则

**哈佛告诉你**

　　这不是一个崇拜个人英雄的时代，合作是今天的主题。要想工作有所成就、生活更加美好，就要学会与别人合作，利用他人的优势来弥补自己的不足，让自己站在巨人的肩膀上眺望远方。

## 我们需要与别人合作

> 团结——在人需要的时候，它能帮助人们克服各种混乱。
>
> —— [俄罗斯] 高尔基

　　北美有一种生存时间最长、最具生命力的植物——红杉。它的生命力之所以顽强，就是因为它们的生存隐含了一种"团队合作"的力量。

这种力量坚不可摧！

美国加州的红杉，其高度大约是 90 米，相当于 30 层楼高。

科学家深入研究红杉的过程中发现许多奇特的事实。一般来说，越高大的植物，它的根理应扎得越深，红杉的根只是浅浅地浮在地面而已。理论上，根扎得不够深的高大植物是非常脆弱的，只要一阵大风，就能将它连根拔起，可红杉又为何能长得如此高大，且屹立不倒呢？

研究发现，红杉必定生长在一大片的红杉林中，并没有独立生长的红杉。这一大片红杉彼此的根紧密相连，一株接着一株，结成一大片。自然界中再大的飓风，也无法撼动几千株根部紧密连接、占地超过上千公顷的红杉林。除非飓风强到足以将整块地皮掀起，否则再也没有任何自然力量可以动红杉分毫。

红杉的浅根，正是它能长得如此高大的利器。它的根浮于地表，方便快速而大量地吸收赖以生长的水分。同时，它也不需耗费过多能量——一般植物扎下深根，用深根的能量来向上生长。

造物主在世界各地为人们留下成功的启示，只看我们是否能够体会与领悟。

⊙你必须亲自动手，但不能独立完成——合作是面对问题时的必然选择。

既然连植物都用"合作"而增强生命力，为什么人类就不可以呢？成功不能只靠自己的强大，成功需依靠别人，只有帮助更多人成功，你自己才能更成功。

作为社会中的一员，谁也不能总是单独行动，有些事情靠一个人的力量是无法完成的。因为，每个人的能力总是有限的。

有些人精力旺盛，认为没有自己做不到的事。其实，精力再充沛，个人的能力也还是有一个限度的。超过这个限度，就是人所不能及的，也就是你的短处了。

每个人都有自己的长处，同时也有自己的不足，这就要与人合作，用他人之长补己之短，养成合作的习惯。

从前，有两个饥饿的人得到了一位长者的恩赐：一根鱼竿和一篓鲜活硕大的鱼。其中，一个人要了一篓鱼，另一个要了一根鱼竿。之后他们便分道扬镳了。

得到鱼的人原地就用干柴搭起篝火煮起了鱼，他狼吞虎咽，还没有品出鲜鱼的肉香，转瞬间，连鱼带汤就被他吃了个精光，过了一段日子，他便饿死在空空的鱼篓旁。

另一个人则提着鱼竿继续忍饥挨饿，一步步艰难地向海边走去，可当他已经看到不远处那蔚蓝色的海洋时，已经饿得浑身没有一点力气，只能眼巴巴地带着无尽的遗憾撒手人间。

又有两个饥饿的人，他们同样得到了长者恩赐的一根鱼竿和一篓鱼。只是他们并没有各奔东西，而是商定共同去找寻大海。他俩每次只煮一条鱼，经过长途跋涉，终于来到了海边。从此，两人开始过上以捕鱼为生的日子。几年后，他们盖起了房子，有了各自的家庭、子女，有了自己建造的渔船，过上了幸福安康的生活。

这个故事告诉青少年朋友，在面临困境时，无论你的眼光是短浅还是长远的，依靠自己一个人的力量往往很难摆脱困难。只有合作，产生一种"合力"，才能取长补短，进而帮助你渡过难关，最后获得成功。

而且，合作可以产生双重的奖励。一方面可使青少年朋友获得生活的一切需求享受；另一方面可使你的内心获得平静，这是贪婪者所永远无法得到的。

有时，人们总在感叹为什么自己的付出没有得到等量的回报，实际上也并不是你的付出不够多，而是你忽略了与别人的合作。合作往往能产生意想不到的结果，而这一点却总是被人们忽略。

3 个和尚在破庙里相遇。"这庙为什么荒废了？"不知是谁提出了问题。

"必是和尚不虔诚，所以菩萨不灵。"甲和尚说。

"必是和尚不勤，所以庙产不修。"乙和尚说。

"必是和尚不敬，所以香客不多。"丙和尚说。

3 人争执不下，最后决定留下来各尽所能，看看谁能最成功。

于是甲和尚礼佛念经，乙和尚整理庙务，丙和尚化缘讲经。果然香火渐盛，原来的庙宇也恢复了昔日的辉煌。

"都因我礼佛虔心，所以菩萨显灵。"甲和尚说。

"都因我勤加管理，所以庙务周全。"乙和尚说。

"都因我劝世奔走，所以香客众多。"丙和尚说。

3 人日夜争论不休，庙里的盛况又逐渐消失了。

这是大家一眼就能看出的道理，庙宇香火渐盛的原因，正是他们 3 个人的合作。可惜，直到 3 人分道扬镳也没有搞清楚这个简单的道理。

# 学会与别人合作

唯有具备强烈的合作精神的人，才能生存，创造文明。
—— [印度]泰戈尔

今天的时代是市场经济时代，市场经济是广泛的交往经济，离不开与各种类型人的合作；今天的时代是竞争时代，只有选择合作，才能成为最具竞争力的一族。

为了成功，你必须联合别人。

如果你能将个人与其他人做适当的搭配组合，相辅相成，便可收到良好的"相乘功效"。

当你选择与一些人合作之时，实际上，你已经将你的命运交在他们的手中了。你也可能遇到下列各种人：厚脸皮、黑心肝、野心家、政客、变色龙、小爬虫、极端自私自利、过分自负、懒惰成性者等。对此，你要有足够的心理准备。这既是你想取得一项事业所必须付出的代价，也是你应付的教育经费。如果能学到识别他人的本领，也将是一个不小的收获。

下面为你介绍 5 条与别人合作的原则，无论在什么位置它都能帮助你成为"令人赞叹佩服、乐于追随"的成功人物。

**第一条原则，做每一件事情，都要符合人性的要求。**

为此，至少要做到两点：一是抱着"真情、友爱"的处世态度；二是把这种态度随时随地付诸行动，同时还要戒除对人苛刻冷漠、与人斤斤计较、与人争得头破血流的陋习。

把真情和友爱渗透到每一件事情当中去，就能产生成功所需要的一切。

**第二条原则，多贡献，多施予。**

一个人的成就，大致上是与他的施予成正比的。成功的人都是慷慨施予的人物。那些肯大力布施、肯慷慨奉献的人往往受益匪浅，而苛刻、自私、吝啬的人却无法办到这一点。

**第三条原则，要使你周围的人觉得自己很重要。**

如何使别人觉得他很重要？请你记住这项基本原则：人们都渴望感到"他们是你生活的一部分，在你心目中占有一定分量"。如果能满足这项要求，你就能轻易获得他们的赞美、尊敬，以及通力合作的回报；而当人们感觉到被其他人置身事外时，往往会显得漫不经心，转而采取对立的态度与行动。行之有效的办法就是，你可请求别人帮你一些忙，使他们觉得自己很重要。

**第四条原则，要以平易近人的方式说话。**

平易近人是最好的沟通技巧，以这种方式说话是影响人的最有力武器。

说话者有两项基本职责。一是要说出必要的知识；二是吸引对方的注意力。

**第五条原则，要能替人保守秘密。**

替人保守秘密，正是你赢得"对其他人的影响力"的重要方法之一。

一是朋友一旦深知"他们所告诉你的事情，都会就此停住，不再流传出去"以后，就会对你更亲切殷切、格外关照。

二是他们认为你是很可靠、很值得信任的人，一旦获得什么消息，就会主动告诉你一些重要的事。

别人对你的忠诚，通常与你的保密能力成正比。

能够合理地掌握以上 5 项原则，你就能寻找到值得信赖的合作伙伴，这样一来，对你的人生将有很大的帮助。

# 相互包容是合作的前提

宽容产生的道德上的震动比责罚产生的要强烈得多。

——［苏联］苏霍姆林斯基

每个人的性格、习惯都不尽相同，合作团队中的成员更是如此。大家有着共同的目标，却有着不同的行事习惯和风格，彼此之间往往会有诸多或大或小的摩擦，要想与合作对象顺利地达到目标，对于合作尺度的把握应该是比较巧妙的。相互包容是合作的前提。

一个宽容的人，能够对那些在意见、习惯和信仰方面与自己不同的人表示友好与接受。宽容最能够表现出一个人的耐心、谦恭、明智与深谋远虑，通过敞开心胸接受新观念和新资讯，往往可以使自己的知识更丰富，个性更完善，更具想象力。如果一个人只会封闭自己，那就无法接触到更多的信息，以及思想的不同层面。如果我们反过来，乐于接受新的观念，乐于对不同的声音表现出容忍、谅解与友善，那么我们就能不断地提升思维能力。

一天，刘邦在洛阳南宫边走边观望，只见一群人在宫内不远的水池边或坐或立，一个个都是武将打扮。他们互相交头接耳，像是在议论着什么。刘邦好生奇怪，便把张良找来问道："你知道他们在干什么吗？"

张良毫不迟疑地答道："这是要聚众谋反呢！"

刘邦一惊："为何要谋反？"

张良却很平静："陛下从一个布衣百姓起兵，与众将共取天下，现在所封的都是以前的老朋友和自家的亲族，所诛杀的都是自己平生最恨的人，这怎么不令人望而生畏呢？今日不得受封，以后难免被杀，朝不保夕，患得患失，当然要头脑发热，聚众谋反了。"

刘邦紧张起来："那怎么办呢？"

张良想了半晌，才提出一个问题："陛下平日在众将中有没有最恨的人呢？"

刘邦说："我最恨的就是雍齿。我起兵时，他无故降魏，以后又自魏降赵，再自赵降张耳。张耳投我时，才收容了他。现在灭楚不久，我又不便无故杀他，想来实在可恨。"

张良一听，立即说："好！立即把他封为侯，才可解除眼下的人心浮动。"

刘邦对张良是极端信任的，他对张良的话没有提出任何疑义，立即封雍齿为什邡侯。见雍齿也被封侯，那些未被封侯的将吏一个个都喜出望外："雍齿都能封侯，我们还有什么可顾虑的呢？"

事情真被张良言中了，因此就这么轻易地化解了。


刘邦的这次论功封赏，体现了战争中以地位作用高低论功，在发现由此出现的一些矛盾后，又能以宽容为怀，化解矛盾，这种思考既保证了自己队伍中骨干积极性的发挥，又能做到队伍的基本稳定，的确是高明之举。

人与人之间有时候会因为某些利益问题发生矛盾，在矛盾面前，若能够有较大的气量，以宽容的态度去对待别人，将心比心，就会在时间的推移过程中，逐渐改变对方的态度，使得矛盾得到缓和。一旦与他人发生矛盾，受到他人错误对待，应该有"单恋"的精神——不因对方对待自己态度上有错而改变自己初时的热情和真诚，始终不渝地以友好的感情对待对方。有了这种"单恋"的态度，便能唤起对方的醒悟与行动反馈。

要与他人合作得好，就必须做到不苛求合作者（当然，这并不是说对合作者一味地无原则地迁就），不吹毛求疵，多一点宽容忍让，做到勿以小恶弃人大美，勿以小恶忘人大恩，让合作者感到他工作的环境和谐、融洽，这样的合作能更加牢固、长久。

相互包容可以使人去除芥蒂与隔阂，以更坦荡和明朗的心怀面对彼此。相互包容可以促进大家的合作，使合作的效益达到最大化。

步入社会，青少年朋友要与各种各样的人接触、交往、合作。合作就要相互包容，在合作中发现他人的优点和长处，将之吸收过来，转变为自己的优势，并将这一优势发挥得淋漓尽致。这才是合作的真谛。

# 学会借鉴他人经验

要像蜂房里的蜜蜂和土窝里的黄蜂那样，聪明的人应当团结在一起。
——［俄罗斯］高尔基

有不少的青少年都可称得上是"追星族"。从影星周润发、成龙、梅格·瑞恩……到歌星麦当娜、杰克逊，再到球星迈克尔·乔丹、罗纳尔多……这些明星，男的大多英俊潇洒、风流倜傥，扮演的多是些义胆冲天、侠骨柔肠的铮铮铁汉；女的则羞花闭月、沉鱼落雁，扮演的也多是些娇媚可人、善良温柔的亭亭玉女；球星也都英姿勃勃、气质逼人，在赛场上更有翻云覆雨、左右全局之势。

"星"在追星族的心目中光芒闪耀，魅力无穷。对于自己所崇拜的偶像，青少年们会看他主演的每一部影片，听他唱的每一首歌曲，对他的比赛更是一场不缺。不仅如此，有的青少年朋友还疯狂地购买偶像的画册、唱片，收集有关偶像的一切资料；从生辰星座、身高体重、兴趣爱好、服装品牌到恋爱情史……各个方面都如数家珍。

除了时髦的各类明星外，其实在我们生活中，有一种永不陨落的巨星常常为我们所忽略——历史上的伟人。如果我们能从伟人身上汲取力量，将汲取比"明星"更积极更健康的人生经验，使我们能更加良好地掌控自己的前进方向，发扬内在的精神力量与智慧。

青少年朋友，所谓的伟人并非只限于些叱咤风云的著名人物，那些从社会底层起步，克服自身缺陷而成功的人物身上，有更值得我们学习的伟大品格。

享誉澳洲的约翰·库斯天生严重残疾，脊椎下部没有发育，两条腿没有成形，根本无法行走，也无法安装假肢。但是他并没有向命运屈服，相反他通过自己的努力和奋斗成为世界著名的残疾人演讲者。

约翰的演讲雄伟壮丽，思维清晰，富有幽默感。约翰有轮椅却从来不坐，而用双手行走。他有残障，却非常热爱体育运动。他曾是澳大利亚残疾网球赛的冠军，全国健康举重比赛的第二名。

约翰尽自己所能去做自己想做的事情，开车出游、健身、游泳、到世界各地演讲，过着和健全人差不多的生活。他告诉我们："坦然面对现实，然后努力进取，不要轻易对自己说不可能。"他曾经在澳洲对超过25万人和世界上超过10万人的企业及社团演讲过。在1997年世界著名演讲大师商务研讨会上，他和斯蒂芬·康威、布莱思·茜希等国际著名演讲大师同台竞技，得到全场12000名热情听众经久不息的掌声。

普通人大都喜欢谈自己的成功经验和成功实例，而忘了面对或分

⊙前人的经验有时可以充当通往胜利的桥梁，避免后世之人走太多的弯路。

析失败的关键。但伟人不同，他们现在的成功都是奠基于过去的失败，所以对自己的失败分析得更透彻。与伟人对话，你就会知道用何种方法来克服失败，从而促进我们的人生进步，使我们能够顺利实现梦想。

向伟人借鉴经验，可以避免走太多的弯路。伟人的经历已经告诉人们：哪条路布满荆棘，费力不讨好；哪条路较少险阻，可以顺利到达彼岸。向伟人借鉴经验，还可以学习到伟人的处世智慧和坚忍不拔的性格，使青少年朋友锻炼出坚强的个性，面对生活的困苦不退缩。

生活中，除了向伟人借鉴经验。青少年朋友还可以向身边的普通人借鉴经验。他们可以是你的长辈，可以是你的同学、朋友、合作者，甚至是竞争对手。

孔子说："三人行，必有我师焉。"老师随处可找，但一颗向他人虚心学习的心却难寻。每个人都有自己的优点长处与处世智慧，将这些借鉴过来，有利于青少年朋友更顺利地取得成功。

与人合作的过程，就是向他人借鉴经验的过程。你往往会发现，你的合作伙伴有着另类的智慧，他或许推断能力高强，或许很有先见之明，或许逆向思维超群，而这些都是你所欠缺的。那么，合作正为你提供了一个向别人借鉴经验的机会。现在你需要做的就是，拿出你的热情与诚心，保持平和的心态，虚心地向别人学习。

# 本领十：用口才影响他人
## ——你的世界由你的语言建造

　哈佛告诉你

　　语言是用来应付这个社会的一种利器，优秀的口才能够为你赢得他人的信任与支持，能够简洁明了地表达你的思想，能够在潜移默化中影响他人，能够让你获得更多的成果，赢得更好的未来。

## 不畏听众的目光，放松些

> 信心可以使一个人得以征服他相信可以征服的一切东西。
>
> —— [英国]德莱顿

　　青少年朋友，当你看到那些能言善辩、口若悬河的演说家的精彩表演，你是否很羡慕他们，是否也想拥有他们那样高超的语言技巧呢？那么，首先你要做的就是不畏惧听众的目光，放松些。

"我总是不敢在人面前讲话、发言，总不敢正视听众的目光，当大家的目光注视着我时，我会感到如芒在背，心跳加快，脑中一片空白……"有人坦然地承认自己说话的胆怯，而且对此颇为苦恼。

实际上，这种"胆怯"的反应并非只有你才会感到，而是每个人都会有的，只是程度不同，个人心理状态不同，感受到的也不同罢了。心理学家通过研究发现，人在说话方面或多或少都有些紧张和恐惧心理，这是影响人们进行正常说话和语言交流的明显障碍。

可以毫不夸张地说，人人都可能在说话前后或说话过程中出现紧张、恐惧心理：性格内向、沉默寡言者如此；天性活泼、思想活跃者如此；即便演说专家、能言善辩者也不例外。

每当我们打开电视机时，往往会被一些潇洒大方、表达自如的节目主持人所折服；每当我们拧开收音机时，也往往会被一些口若悬河、音色优美的播音员所倾倒。其实，他们也并非我们所想象的那样说话时从容自若，应付自如。他们也一样会怯场。据说，日本某演员临近自己拍片的时候就想上厕所，甚至一去就是 5 分钟；美国某播音员，起初每临播音，都要先到浴池去洗一次澡，不这样，播音时就不能镇定自若。如果碰到外出进行现场直播，他便不得不提前到达目的地，并在直播现场寻找浴室。

日本有位专家认为，人类用以视觉为首的五官来感知外界的动态，随即采取相应的行动。所谓"怯场"一事，乃人体器官正常动作的一种先兆，这种动作是当见到大庭广众，或见到意想不到的陌生面孔，尤其是感觉到有别人的目光注视自己时，五官感受到了，并对之做出反应，明显症状是脸红、心扑通扑通地跳、语无伦次、词不达意等。如果此刻说话者想道："怯场啦！怎么办呀？"他就会因慌张而说不出话来。但是，如果他当时想到的是："换了任何一个人遇此情景，都有可能怯场！"那他心里就会踏实多了，并随之镇静下来，很快恢复正常。所以，正确地对待怯场非常重要。

美国某年轻议员在向一位年老有经验的议员请教时说："我在演说

之前，老是心里扑通扑通地跳，这是不是异常？"年老的议员则回答道："那是因为你对于你要说的话进行着认真的考虑，这是必然的。即使你到了我这个年龄，也难免会出现如此情况。"

也就是说，你之所以会感觉到胆怯、恐惧，是因为你很重视自己即将要说的话，你进行了深入的斟酌和思考。

曾在日本讲话艺术界居于首位的德川梦声先生，被誉为"演说名人"。以下有一段话，是他根据自己多年的临场经验，所发表的关于演讲的看法。读完他的这段话，也许大家会更明白为什么人人都会有说话时的紧张、恐惧心理。德川梦声先生说："要上台发表演说之前，无论是任何人，都会感到紧张，都无法镇静下来。你也许会问：'像你这样身经百战，见过了大大小小各种场面的职业演说家，还会紧张吗？'像这种问题，我不知被问过多少次了，但是，我可以告诉你们，无论是怎样熟练的老手，也无法完全不紧张。因为，不管演讲或座谈，总是得开口'说话'，这就必须认真地去做才行。当然，如果是对我所熟悉的一群听众，说些很平常的内容，有时也会毫无感觉的。就好像教师对他班上的学生讲课一样，没什么好紧张。但如果要在陌生的场所，又不知道听众的身份，而对大家发表演讲的话，就算是天下一流的名演说家，也会感到紧张的。"

由此可见，每个人都会出现紧张、怯场的情况，青少年朋友会如此，经验丰富的演讲者也会如此。这并不可怕，只要弄情胆怯的原因，便可"对症下药"，慢慢扭转这种状况。

造成胆怯的原因如下。

⊙你的世界是由你的语言"建造"的。

## 不想献丑

有些人因为本身的学识较浅而存在一种自卑心理。他们不想让别人知道自己的缺点，怕在众人前讲话会暴露自己的短处。

不过，持有这种想法的人应该想一想，一个人尽量不暴露自己的短处，那么其长处又能充分发挥无遗吗？如果发挥自己的长处受到影响，无疑也会影响到别人对你的看法——别人有时会给你较低水平的评价。其实，只要你认真地发挥全力，诚诚恳恳地把话说出来，不必踮高足尖来充内行，相信必会有不错的表现。

## 外界环境的压力

试想，一个不善言辞的人和一个一流的演说家，同样在人前发表意见时，谁的压力比较大呢？对于一个不善言辞的人，社会上的人士或听众并不会对他有多大的期待，想想这点，就不应该紧张了，就可以安心了。然而，对于知识广博、谈吐自如的演说家，大家却都寄厚望于他，会对他的演说做录音、记笔记，这样高度的关心和注意，理所当然会造成台上的人心中无比的压力。因此，那些被视为大人物者，在上台演讲或致辞前，自己的心情经常是非常紧张的，只不过别人很难看得出而已。

你在讲话时害怕接触别人的目光吗？那么不妨挑战一下自己，下次讲话时看着听话者的眼睛，你会感受到他的目光中充满了友善、鼓励与浓厚的兴趣。在谈话中，目光的交流是很重要的，它能够巧妙地传达许多有声语言所无法表达的含义，是你与他人进行沟通的重要渠道。

所以，不要再让你的目光游离，不要再盯着天花板，看着你的听众，与他们的目光对接，放松些。

# 丢掉你的羞怯感，勇敢点

自信是走向成功之路的第一步，缺乏自信是失败的主要原因。

—— [英国] 莎士比亚

在生活中有许多青少年不爱讲话，一说话就脸红，尤其是在陌生人面前，这是非常大的一个阻碍，人要生存，怎么怕与别人交谈呢？分析其原因，多是因为心有怯意，所以不敢讲话。

经常会有人自我解嘲地说："我口才不好，不会说话。"这是因为羞怯与恐惧的缘故。其实，只要能克服障碍，每个人都能打开话匣子，侃侃而谈。

玛莎是一位很胆小、害羞的女孩，每次教授发问时，她总是迅速地低下头去。有一次，教授突然要求玛莎发表个人意见，玛莎很紧张地看了教授一眼，她知道自己躲不了，于是她告诉自己："现在不是害怕的时候，我必须把握机会，我知道自己可以的。"于是她强迫自己忘记胆怯，专心地回答教授所提出的问题。玛莎果然做到了，而且她的表现获得教授的肯定。自此之后，玛莎对自己更有信心，再也不是昔日那个唯唯诺诺的胆小女孩了。

羞怯的心理是成功表现自己的强敌。只要克服这种心理，勇敢地向众人展示你自己，你就已经抬起了迈向成功的脚。

所以消除心中的羞怯感是训练语言能力的第一步。

那么，怎样才能消除羞怯感呢？

### 把精力全都放在事件发生时的情景上，而不是放在你的个性或者所有的行为上

如果你因为受到责备过于害羞，或回忆曾经有过的任何不适当的害羞行为，只能使你变得更加迷惑不解，甚至使你感觉更加无助和绝望。

只有在害羞能和我们的记忆中十分鲜明的事件联系起来的时候，才能处理害羞这个问题。比如，如果在晚会上，你因害羞无法参与晚会的游戏而感到痛苦，那么就应该首先去了解游戏，去接近正在做游戏的人——虽然表面上显得令人害怕，但却可以让你真正感受到这个游戏实际上没有一点危险，甚至还很有趣。你甚至可以在合适的时候玩相同的游戏，这样就能从中获得更多的乐趣。

### 适时表达自己的情感或需要

在经历了一段和害羞有关的小插曲之后，青少年朋友就能从中了解到自己有着什么样的感情状态和需求。同时了解到有这种感情和需求是完全正常的，你与别人的交往正是要建立在这个基础之上。

如果你没有这些问题，你要懂得你有这方面的权利；或者可以通过身边现有的某件事直接提到这些权利；或者也可以画画；或者做某种特殊的游戏，总之要使你自己从被压抑的情感中解脱出来。

### 借助周围的人激励自己

来自父亲或母亲的夸奖，对于青少年朋友而言是种激励，但有时候，兄弟姐妹、叔叔、阿姨等给予的赞美，对你的影响效果更大，往往会成为促使自己进步的最好动力。

青少年之间彼此的赞美与欣赏，不仅能加深手足之情，增添亲切感，而且能使你更有自信。

当听到别人的赞美和鼓励时，青少年朋友首先要相信是自己的表现打动了他们，因此要相信他们的赞美是真诚的和发自内心的，这样

在一种良好的心态下接受赞美，进而增长自信。

## 预先熟悉可能会出现的困境

青少年朋友可能羞于和他人交往或者参与某些事情，要事先做准备一定要尽力扫除障碍。同时注意行为要巧妙一些，这样就能使自己对困境的恐惧感少一些。

在事情发生之前，你要知道可能发生什么，并激励自己保持积极的态度。

要精心安排真正参与事件的时间，这样它的发生对你来说就可以恰到好处，不会显得过于突然。

## 要充满自信

一般说来，青少年朋友注意到的事物比父母想象中的要多得多。在困境中或者新的环境中，你要感觉到，父母和亲友一直就在自己的身旁关注和支持自己。

大凡历史上的领袖人物都非常自信，所以在表述时，他们神态自若、思维敏捷、记忆精确，兴奋与抑制过程始终处于最佳状态，应对自如、毫无做作、真切动人，从而产生极强的感染力和说服力，使表述目的得到最佳实现。

如果你只是普通的害羞病患者，有一个简单有效的克服方法。为什么会怕人笑呢？一定有人笑过你，因此你才会怕人笑。如果你相信这一点，那么就好好回忆一下，在什么时候，在什么人面前，为了什么遭人取笑。

常常是因为某些事情刺激了你的心灵，最初怕某些人或某件事，后来就笼统地全怕起来，即使那个人或那件事早已不存在了，而你的"怕"却从此附在你身上，现在只要把以前笑你的人，或是导致你蒙受取笑的那句话找出来，仔细分析一下，就可拔除"怕"的"根"。

不就是有某个人笑过你吗？这就是说，并不是所有的人都会笑你；不就是因为某句话，别人才笑你吗？这就是说，并不是你说所有话别人都会笑你。可笑的只是那句话，别人说了那句话，你也会笑的。自然，你必须明白，为什么那句话可笑，如果笑你的人喜欢取笑别人，那么，多半错不在你自己，只要避免在这种人面前说话就可以了。所以，你要学会丢掉你的羞怯感，勇敢一点。

# 学习优秀演说家，勤锻炼

勤能补拙是良训，一分辛苦一分才。

——［中国］老舍

口才不会与生俱来，也不会从天而降，就像庄稼需要施肥、道路需要整修，口才也需要培养。

狄里斯在西欧被称为"历史性的雄辩家"。

据说，他天生声音低沉，且呼吸短促，口齿不清，旁人经常听不到他在说些什么。当时，在狄里斯的祖国雅典，政治纠纷严重，因此，能言善辩的人格外引人注目，备受重视。尽管狄里斯知识渊博、思想深邃，十分擅长分析事理，能预见时代潮流和历史发展趋势，但是，他认为，自己缺乏说话技巧，容易被时代淘汰。

于是，他做了一番周密细致的思考，准备好了精彩的演讲内容，第一次走上了演讲台。不幸的是，他遭到了惨重的失败，原因就在于他声音低沉、肺活量不足、口齿不清，以至于听众无法听清楚他所言何事、何物。但是，狄里斯并不灰心，他反而比过去更努力地训练自己的说话能力。他每天跑到海边去，对着浪花拍击的岩石放声呐喊；

回到家中，又对着镜子观察自己说话的口型，做发音练习，坚持不懈。狄里斯如此努力了好几年，终于功夫不负有心人，再度上台演说时，博得了众人的喝彩与热烈的掌声，并一举成名。

由此可见，只有刻苦勤奋、坚持不懈地努力练习，才会获得令人惊奇和瞩目的成功。因此，我们不应该放过任何一次当众练习讲话的机会。

当我们参加某一个团体、组织，或出席聚会时，不要只袖手旁观，而要施展浑身解数，勤奋地进行口才练习。比如，主动协助他人处理一些工作，尤其是一些需要到处求人的工作。设法做各类活动的主持人，这样，就有机会接触那些口才好的人，可以向他们学习说话的技巧，自然而然，你也就可以担负一些发表言论的任务。

青少年朋友可以在各种场合练习口才。

家庭是练习口才的第一个场所。当你在家里的时候，你能否给自己的父母讲清楚一个校园趣事。如果不能，就先将事情的逻辑顺序理清楚，然后再耐心地讲给父母听。平时家里的经济收支问题、卫生保健问题、饮食起居问题等，你都可以加入到家庭讨论中，发表自己的意见。如果你的意见能够被父母采纳，那说明你的口才练习有了明显进步。家庭的气氛是温馨平等的，与父母、兄弟姐妹之间的交谈是练习口才极好的途径。

广结良友，与朋友频繁往来，是练习口才的又一途径。无疑，我们每个人都会有一些朋友，这些朋友可能来自不同的地方，处于不同的年龄，属于不同的阶层，从事不同的工作，因而与他们相处时会遇到各种不同的问题。比如，小张近日要结婚；小李的爸爸退休了；阿王的小商店近几个月没什么起色；某某家中昨晚被盗……每个人都有各自的快乐和苦恼、失

| 说话的原则 |
| --- |
| 说话要有针对性 |
| 说话要有准确性 |
| 说话要有感染力 |
| 说话要有修养 |
| 说话要看场合 |
| 说话要包含智慧 |
| 说话要有分寸 |

败与成功。如果我们为了练习好自己的口才，训练自己的说话胆量，就最好去了解他们的各种情况，好好找他们谈谈，尽量想出如何帮助、开导、启发他们的谈话内容。这样，无形之中，你拥有的朋友，你了解的谈话内容，都会渐渐地增多起来，你说话的胆量也会渐渐大起来。

毋庸置疑，每个人都希望自己有很好的口才，这就需要说话者把握住一切可能抓住的机会，坚持不懈地刻苦练习。练习口才的过程，实际上就是青少年朋友增添自己的信心与魅力的大好时机。可以肯定，如果一个人通过努力练就出色的口才，那么他的胆量也一定得到很好的训练。

# 将激情注入演讲，燃烧吧

> 热情一开口，就必然成为使人屈服的第一流的演说家。
> —— [法国] 拉罗什富科

每个人都有激情，只是在现实生活中，很少有机会能表现出来。加之一般人都不愿将自己的感情当众流露，因此，人们总是通过交流或者参与某种活动，在一个大家都非常投入、十分忘我的氛围中，以满足这种感情流露的需要。

其实，日常生活中每个人当众说话时，都会依自己倾注谈话的热心程度而表现出热情与兴趣。这时，我们的真情实感常会从内心里流露出来，这是一种自然地流露，也是一种易感染他人的流露。

在说话和演讲时，如果青少年朋友能够调动自身的激情，以情感人，那么，听者的注意力便在你的掌控之下，你就掌握了开启听众心灵之门的钥匙。正如唐代大诗人白居易所说："动人心者莫先乎情。"唯有炽热的情感才会使"快者掀髯，愤者扼腕，悲者掩泣，羡者色飞"。

不管世界上哪一个民族的语言，只要饱含真诚的情感，就能产生巨大的影响，就能唤起群众的热忱，就有震撼人心的力量。美国小说家马克·吐温说得好："热情是每个艺术家的秘诀。这如同英雄有本领一样，是不能拿假武器去冒充的。"任何语言，情不深，则无以动人。

林肯做律师时，曾在一次诉讼中以充沛的情感赢得了胜利。

一天，一位老态龙钟的女人来找林肯，哭诉自己被欺侮的事。这位老妇是独立战争时一位烈士的遗孀，每月靠抚恤金维持生活。不久前，出纳员竟要她交付一笔手续费才准领钱，而这笔手续费等于抚恤金的一半，这分明是勒索。

开庭了，被告矢口否认，因为这个狡猾的出纳员是口头进行勒索的。没有凭据，情况显然对林肯不利。轮到林肯发言了，上百双眼睛紧盯着他，看他有没有办法扭转形势。

林肯用抑扬顿挫的嗓音，把听众引入美国独立战争的回忆中。林肯两眼闪着泪光，述说爱国志士是怎样忍饥挨饿在冰天雪地里战斗，为浇灌"自由之树"洒尽最后一滴鲜血。最后，他做出感动人心的结论：

"现在事实已成了陈迹。1776 年的英雄，早已长眠地下，可是他那衰老而可怜的遗孀还在我们面前，恳求我们代她申诉。不消说，这位老妇人从前也是位美丽的少女，曾经有过幸福愉快的家庭生活，不过，她已牺牲了一切，变得贫穷无依。她不得不依靠革命先烈，用革命先烈争取来的自由，向我们请求援助和保护。试问，我们能熟视无睹吗？"

发言至此戛然而止。听众的心早被感动了，有的捶胸顿足，扑过去要撕扯被告；有的眼圈泛红，为老妇人流下同情之泪；还有的当场解囊捐款。在听众的一致要求下，法庭通过了保护烈士遗孀不受勒索的判决。

一位著名演说家曾这样说过："在演说和一切艺术活动中，唯真情，才能够使人怒；唯真情，才能使人怜；唯真情，才能使人笑；唯真情，才能使听众信服。"

演说者具有真情实感并且能够平等待人，虚怀若谷，他的话语方能如滋润万物的甘露，点点滴入听众的心田。而盛气凌人、眼睛向上，把自己打扮成上帝，以教育者姿态自居的人，是无法和听众交心，也无法赢得听众的爱戴的。

⊙演讲最需要的就是真实，然后注入燃烧的激情。

真诚的态度是成功交际的妙诀，也是使演说者和听众融为一体，在情感上达到高度一致，在情绪上引起强烈共鸣的妙诀。那种把自己看作是凌驾于他人之上的布道者，或自视为高人一等的儒士、学者，开口就是"我要求你们"、"大家必须"、"我们应该"这类的命令式词句，或用满口堂而皇之的言辞掩饰自己的真情，听众是绝对反感的。所以，当你说话时，不要忘记真情实感。

演讲是要感染人的，其重要手段之一就是通过语调流露真情。坚定的、犹豫的、高兴的、哀痛的、期待的、失望的、昂扬的、颓废的等各种感情，都可以通过语音语调的高低快慢、抑扬顿挫表现出来。

演讲中的情感抒发固然十分重要，但感情是受理智支配的，这个理智，就是要表达演讲的主题。演讲时要时刻牢记演讲的主题，时刻把握感情的阀门，注意控制感情的流量。有的演讲者不懂得控制自己的感情，一到伤心处就涕泪交流，泣不成声；一到愤慨时就语不成句；一到高兴时又笑得前躬后仰，手舞足蹈。结果，听众只知你在台上喜怒无常，根本听不清弄不懂你在哭什么、气什么、笑什么。这样，又怎么能与听众产生感情上的共鸣呢？

所以演讲需要尽情倾诉时，可以打开阀门，让感情如潮水般一泻而出。但高潮过后，又要立即调节，绝对不可以放纵情感，信马由缰。

# 形体语言配合你，更精彩

> 仪态是你在别人面前的标签。
>
> —— [美国] 卡耐基

形体是一种无声的语言。它能够弥补有声语言的不足，它通过有形可视的、具有丰富表现力的各种动作和表情，协助有声语言将内容准确无误地表达出来。

有时形体语言在交际中比有声语言更具感染力，二者若能相辅相成，把出众的口才和不凡的举动结合起来，更会给人留下深刻的印象。也许只是一个眼神、一次握手、一个微笑，都能起到"此时无声胜有声"的效果，使双方的情感得到真正的沟通。

形体语言的分类是多种多样的，例如，头、臂、手、腿、眼、鼻、耳等，都可以表示某一类体态语言艺术，都可以成为语言的载体；时间、空间、服装，甚至桌椅等，也可以表示某一类体态语言艺术，也都可以成为语言的载体。

手势语言是通过手和手指活动来传递信息。它包括握手、招手、摇手和手指动作等。

手势语言可以表达友好、祝贺、欢迎、惜别、过来、去吧、不同意、为难等多种语义。比如，双手紧绞在一起，它显示的意思是精神紧张；摊开双手，表示真诚坦直；用手支头，表示不耐烦；用手托摸下巴，表示老练、机智；双手指尖相合，形成塔尖型，表示充满自信；不自觉地用手摸脸、摸鼻子、擦眼睛，是说谎的反映；用手指敲打桌面，表示不耐烦、无兴趣。

在人际交往中握手是一种重要的常用礼节。然而，握手所起的传情达意却比一般礼节要求的内容更丰富、细腻。如果手势与标准姿势有异，则要研究其握手礼节之外的附加含义。握手既轻且时短，被认为是冷淡、不热情的表示；紧紧相握、用力较重，是热情诚恳的表示，或有所期待的反映；力度均匀适中，说明情绪稳定；握手时拇指向下弯，又不把另四指伸直，表明不愿让对方完全握住自己的手，是对对方的一种藐视；握手时手指微向内曲，掌心稍呈凹陷，是诚恳、虚心、亲切的象征；用两只手握住对方的一只手，并左右轻轻摇动，是热情、欢迎、感激的体现；一触到对方的手立即放开，是冷淡和不愿合作的反映。

正确地掌握手势语言的内容和运用，对我们的语言能力是个必要的强化和补充，对我们的交际能力也有积极重要的作用。

青少年朋友也可以利用表情来传达信息、进行交流。在表情语言中，以下 2 种最为常见。

### 笑容语

笑容也是一种很重要的体态语言。笑是口语交际活动中很好的润滑剂，它可以迅速缩短交际双方的心理距离，体现人与人之间融洽的关系。在谈话时我们不但要注意笑的作用，还应当力求善于笑。

首先笑的时机要恰当。要注意选择笑的时机、场合、话题，该笑的时候笑，不该笑的时候就不能笑。在欢庆的场合，在轻松的气氛中，在诚恳坦率的交谈中，应该笑；但在谈起不见好转的病情，同去世的同志的家属谈话，说起工作中的重大失误和损失时就不能面带笑容。

其次要掌握笑的分寸。在日常生活谈话中，笑容主要是根据交谈者的关系、谈话的内容以及谈话者的性格、习惯等自然体现出来的。

### 目光语

目光是一种更含蓄、更微妙、更有力的语言。

确实，眼睛是人体发出信息最主要的器官。目光持续的时间、眼睛的开闭、瞬间的眯眼以及其他许多细小变化和动作都能发出信息。眼睛传递的信息最丰富、最复杂、最微妙。

在运用眼神时，要增强自觉的控制能力，要使眼神的变化有一定的目的，表现一定的内容。热情诚恳的目光使人感到亲切，平静坦诚的目光使人感到稳重，闪耀俏皮的目光使人感到幽默，冷淡虚伪的目光使人不悦，咄咄逼人的目光则使人不寒而栗。

面部表情除了包括起主要作用的眼神和笑容外，还包括眉部的紧皱和舒放、嘴部的变化等。这些因素在表达感情时是相辅相成的。总的来说，谈话时面部表情应该是诚恳坦率，轻松友好，而不应该摆出一副盛气凌人的嘴脸，也不应显出自负自矜的面孔，那样就会从心理上把听话人拒于千里之外。此外，表情还应该是落落大方，自然得体的，是由衷而发的，而不应该是矫揉造作，生硬僵滞的。这需要在平时不断提高文化水准，加强内在修养。

姿态语言是指通过坐、立等姿态变化表达语言信息的身体语言。一般而言，人们在各种场合的身姿都是一种无意识的心理表现。

人们在社交谈话中所采取的姿势通常有两种：站立和坐着。

站立交谈，首先必须有比较好的站相，既不要古板，又不能太过随便。

其次，据说人们在别人接近他的重要部位时，会产生本能的压迫感。而人的心脏是在左侧的，所以在站立的交谈中，你应该尽可能地站在对方的左边，这样就容易掌握主动权、控制形势。

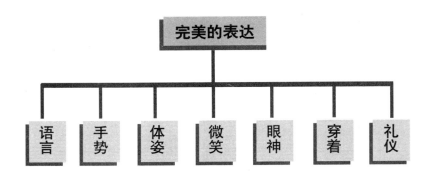

此外，若是与比较熟悉、关系亲近的人站着交谈时，可适当地用手轻轻拍打对方的肩或背部，这样容易产生亲近感，同时，也会为对方消除压迫感。

站着说话一般不会太久，所以站立交谈时要有站相，站要站正，切忌摇来晃去，斜肩弓背，破坏自己的形象。

坐姿也是有讲究的，坐椅子的正确姿势应该是：身体上半身稍微向前倾；背部勿靠住椅背；手要端正地放在腿上；臀部要坐满椅面；坐着时鞋跟要靠拢。如果面对面谈话时，身体稍倾斜而坐；双膝间的距离约为一个拳头。

坐着慢慢谈话时，还要坐稳，别挪来移去，好像不耐烦的样子。

口才是内在修养、有声语言和体态语言的综合。其中的服饰会首先作用于人的视觉并给人以印象。初见面时的第一印象往往十分重要。而人们在第一眼中，首先引起他人注意的往往是服装和仪表。交往中要给人留有一个好的形象，首先要注意服装仪表给人留下先入为主的第一感觉。

对服装和仪表最起码的要求，就是要干净、端庄、整齐，给人以清爽、精神的感觉，使人看了比较舒服。

服装和仪表，并不仅仅是一个外在形象的问题，也是一个人内在涵养的表现和反映。良好的形象是外表得体和内涵丰富的统一。

演讲是一种听觉艺术，也是一种视觉艺术。在演讲过程中，一方面，听众用耳朵听话，也用眼睛"听话"；另一方面，演讲者为了更好地表达自己的思想感情，在诉诸听众听觉的同时，也要诉诸听众视觉，因为言有不尽意之时，一些微妙的思想感情，有时难用语言所尽传。这时，用一颦一笑，一个眼色，一个手势来表示，方便而活泼得多，甚至可能收到"此时无声胜有声"的理想效果。有经验的演讲者，总是把诉诸听觉和诉诸视觉的手段巧妙地结合起来，让听众于耳闻目睹中很好地接受自己的观点。青少年朋友不妨学学这种方法。

# 本领十一：良好形象，完美塑造

## ——你的形象价值百万

## 成功形象很重要

外表决定了别人对你的第一印象。

—— [日本]原一平

　　形象，并不是一个简单的穿衣、外表、长相、发型、化妆的组合

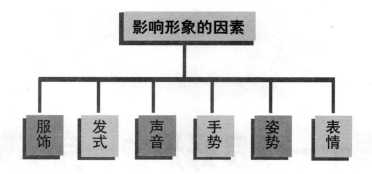

概念，而是一个综合的全面素质，一个外表与内在结合的、在流动中留下的印象。形象的内容宽广而丰富，它包括你的穿着、言行、举止、修养、生活方式、知识层次以及和什么人交朋友等。它们在清楚地为你下着定义——无声而准确地在讲述你的故事——你是谁、你的社会位置、你如何生活、你是否有发展前途……形象的综合性和它包含的丰富内容，为我们塑造成功的形象提供了很大的回旋空间。

青少年朋友即将走出校门，步入社会，如果想获得事业的成功，只靠能力是不够的，你要让别人看到你第一眼时便知道你是或将会是一位成功人士。对于企业的领导者和管理者，优秀的领导者能用形象掌控追随者的心理，为自己创立一个神话般的形象以确立自己稳固的位置。对于那些追求成功的人，创立一个可信任的、有竞争力、积极向上、有时代感的形象，无论你在什么群体中都能获取公众的信任，从而脱颖而出。

一个成功的形象，展示给人们的是自信、尊严、力量、能力，它并不仅仅反映在对别人的视觉效果中，同时它也是一种外在辅助工具，它让你对自己的言行有了更高的要求，能立刻唤起你内在沉积的优良素质，通过你的穿着、微笑、目光接触、握手，一举一动，让你浑身都散发着一个成功者的魅力。

追求"成功"实际上是人生的一场最重大、最复杂、最有挑战性、最激动人心、最有趣，只有运用智慧才能取胜的游戏。正如同我们生活中任何游戏的取胜都有其固定的规则和策略一样，只有遵循一个最佳规则，你才能取胜。谁不遵循这个规则，谁就要失败！

英国反对党领袖伊恩·邓肯·史密斯在 2002 年 9 月接受 BBC 电视台记者采访。他面色茫然、毫无生机，他用有气无力的、贫乏的语调攻击了托尼·布莱尔首相及其政党的政策。记者问道："你认为自己能出任下一届首相吗？"他犹豫了一下，目光下垂，语气不坚定地说："是的，我可以，但我需要努力争取。"几分钟之后，电视台出现不满意的观众的电子邮件及电话录音："他自己都不相信自己能成为首相，让我们如何相信他可以做我们的首相？""他看起来根本就不像个英国首相！""难道保守党再找不到别人做领导者吗？"

这是英国反对党在认为前领袖威廉姆·休不能展示给英国选民一个良好的形象后，在 2001 年新换的领袖。前领袖威廉姆被英国人戏称为"小老头"，他只有 40 多岁，却像个走入暮年的老人，神色、语气缺乏朝气和自信，这位新换的领袖和威廉姆如同孪生兄弟。再看看劳动党领袖，英俊的托尼·布莱尔，总是满面春风地带着笑容，走路和说话时，浑身都散发着朝气和热情，他看起来就能够鼓舞他人，看起来就像个出色的领袖。也难怪很多英国选民虽然不支持劳动党的政策，却投给了托尼·布莱尔一票，至少从领袖的外在魅力上托尼还值这一票的。一位英国选民说："保守党的领袖让我对这个党已经失望，他们这两届的领袖看起来就不像能成为首相的人。"另一位选民甚至激进地宣称："除非保守党能够找出一个长着头发的领袖，否则他们永远只能够坐在反对党的座位上！"由于竞选人"看起来不像个领袖"，让保守党一次次失去了驻守唐宁街的机会。

对于经常出现在媒体上的政治家来说，他们的形象对于选票的影响能够千百次地证明"看起来就像个成功的人"的重要性。政治家们只有经得起千千万万个选民的百般挑剔才能够走向自己的成功大道。因此，"看起来像个领袖"对于政治家们来说，是获取选民信任的一个至关重要的条件。正是"看起来像个领袖"的魅力，使里根、克林顿、肯尼迪、希拉克、撒切尔夫人等人满足了选民对领袖形象的要求而连任。

如果看起来不像个领袖，无论你的政治观点多么深入人心，也会失去很多追求"魅力领导人"的选民。这样的例子在西方的商业界也数不胜数。因为他们深刻理解"看起来像个成功者"的形象对事业的促进作用。

名牌之所以成为名牌，受到大众的宠爱，是因为它全面地打造了自身优异的形象，迎合了许多人追求高品质、高效率的心理。

首先，名牌都有夺目的外观，能给人留下深刻的第一印象，让大家一眼就觉得这个东西超凡脱俗，非同寻常。使人们对这一产品产生了良好的预期，他们的心中已经认定这一产品会物超所值。

其次，名牌产品都有着出众的质量，良好的口碑和极高的知名度。

人也如产品，需要有成功的形象来辅佐自己事业成功。每个人都有自己的长处，你不能向这方面发展，可以向另一方面发展，只要凭借你的长处打造自己的成功形象，你就一定会与众不同，超凡脱俗！

只要找对了自己的长处，切合自己的特点，改造自身的形象，那每个人都会散发出与众不同的迷人光彩，使自己成为名牌！

# 健康使外表靓丽

健康胜过力量和外貌。

—— [古希腊] 亚里士多德

健康是一个人亮丽的基础，白皙滋润、富有弹性的肌肤，黑亮柔软的头发，闪闪发光的眼睛，白里透红泛着光彩的面容，周身发出一种能把周围照亮的光芒，这种由内而生发出的亮丽是任何装扮都不可能企及的。这是只能由健康带来的亮丽，是健康赋予人的光彩。

青少年朋友要保持一份自然美，那么就应保持健康的体魄。一个健康的人在别人眼里总是美丽的。

在克林顿和老布什的竞选角逐中，克林顿不停地以长跑、滑雪、打高尔夫的镜头在电视上出现。还有一次，他与群众一起游泳。这一切都是经过精心设计的，其目的不是为了证明克林顿有多么高的运动天赋和技能，而是为了展现给人们一个健康的、精神焕发的、能够担当重任的形象。后来，在一次娱乐活动中，克林顿还熟练地吹起了萨克斯管。满面红光、体魄健康的克林顿与头发花白、年老体衰的老布什相比之下，显得充满了朝气、生机勃勃。选民的天平自然而然地倾斜了。1992 年，克林顿乘坐大轿车纵横全国，每天停车达 15 次之多，不是记者招待会就是接见选民。他活跃得像个永动机，以健康、充满活力的形象，冲开了选民的心扉。1996 年，克林顿还是用这样的代表着生命力和健康的活跃，击败了共和党的领袖鲍勃·多尔。

不仅仅是克林顿，在西方的自由竞选中，政治代表们都竭力展现出自己的活力，他们的策划班子都会让他们通过个人运动来展示健壮的体魄。政治家们懂得，体育锻炼为的是展现活力，大腹便便的形象是不受选民喜爱和信任的。

所以要想外表亮丽引人关注，就要爱惜你的身体，善待它、营养它，使之健康、愉悦，它定会很好地回报你。

科学研究证明，人体的内脏器官，如心脏、胃、肾等都与面部的不同部位有特定联系。内脏功能的好坏会在人的面部反映出来，因而通过观察人的面部情况，就可以判断健康状况。

额头皱纹增加，表明肝脏负担过重。因此，必须戒酒，少吃动物脂肪，而且每天饮水至少 3 升，如果能做到适度地节食，例如，放弃一顿午餐更佳。

眼圈发黑、眼神无光则是肾负担太重。请少吃盐、糖、咖啡，多吃小红萝卜、白萝卜或饮蒲公英茶。

脸颊发灰说明身体低氧，肺部功能不佳，应多去户外散步、慢跑并补充绿色蔬菜，增加蛋白质、矿物质和粗纤维的摄入。

过多的巧克力和甜食会在鼻尖上形成红色血管，可用果仁、水果或酸奶来代替巧克力当零食。但如果整个鼻子通红，那就是心脏负担过重了，应立即放松、休息并戒烟，少吃脂肪。

上嘴唇肿胀常常由于胃痉挛引起，而土豆有暖胃的功能，可以多吃。

要保持青春富有活力的身体，每天保证糖、脂肪、蛋白蛋、矿物质、维生素、纤维素等基本营养物质的合理供给是十分重要的。日本学者认为合理的饮食应是每餐八分饱，每餐主副食各半。主食宜糙米黑面，副食宜采取 1：1：3 比例，即动物蛋白为 1，植物蛋白为 1，蔬菜水果为 3。动物蛋白有鸡、鸭、鱼、肉；植物蛋白为黄豆及各种豆制品。

适度的运动锻炼能增强心肺功能，加强肌肉力量，增大骨质密度，提高机体的灵敏度和适应力，增强人体的免疫功能和抗病能力，从而使人保持青春的活力，蓄存一种由内而外的长久不衰的美。对一个人来说，游泳、体操、登山、滑冰、滑雪、武术、划船、骑自行车，以及各种球类活动，都是极好的运动锻炼项目。可根据各自的兴趣及体质状况加以选择。锻炼时要掌握 2 个要点：一是适度，二是坚持不懈。

⊙如果想获得成功，就要有一个健康的身体。

良好的习惯会使人受益终身，其中良好的生活习惯对健康的价值更是不可低估。可是，在现实生活中，许多人对此却很不以为然，无论是生活、娱乐、休息、学习，都缺乏一种规律性，常常是心血来潮，忘乎所以，凡事都好走极端。例如，有的人喜欢通宵达旦地下棋、玩牌、跳舞或者看电影，平时吃饭、睡眠都缺乏规律性等。这对身体健康都是十分有害的。须知，人体的生命活动是在生物钟的严格控制下有节律地进行运转的。为此，要在饮食、睡眠、学习、工作以及各种生活制度方面养成一种定时、定量的规律性，并保持始终。这样才能形成良好的条件反射，保证身体各种生理功能发挥最佳效应。

众所周知，压力是现代人健康的第一个敌人。一个成功的人懂得自己不是一个超常运转的机器，需要调节自己的生活节奏。

如果你在业余时间还考虑着学习中的难题，在该学习的时候又由于疲惫而不能产生高效率，整个生活由于没有一个良性的、有弹性的节奏，以至于未老先衰，十几岁的年纪却像有一颗 60 岁的心。整天萎靡不振，没有青少年该有的那份天真与活力，有的却是一份苍老和病态，以致学习和生活都失去了乐趣和动力。

如果想获得成功，就要有一个健康的身体，健康的身体为青少年朋友带来饱满的精神和充足的动力，它不但能够亮丽你的外表，还为你铺就了成功的阶梯。

# 社交着装有讲究

无论如何，一个人应永远保持有礼貌和穿着整齐。

——［瑞典］海登斯坦

现代社会中，杰出人士坚持这样一个人际吸引的原则：一个人风度翩翩，俊逸潇洒，能产生使人乐于与之交往的魅力。对于青少年朋友来说，在不同的场合穿着适当合体的衣服不仅能给别人留下深刻的印象，而且会给人一种有素质、有品位的感觉。

英国哲人约翰·洛克说："礼仪的目的与作用使得本来的顽梗变柔顺，使人们的气质变温和，使他敬重别人，和别人合得来。"服饰能反映杰出青少年的审美情趣和修养，他们的服饰总与自己的气质、身份一致，与自己的形体、个性协调，与当时的气氛和场合相符，随时都让自己显得更潇洒、更精神、更讨人喜欢。

着装代表着一个人的身份、文化素养、家庭背景，甚至也代表着一国、一族的文化。综观东西方国家各个民族，在社交活动中的着装礼仪都有着约定俗成的原则，大致如下。

## 整洁

无论在何种场合，穿何种衣服，都要保证着装整齐洁净。只有如此，才能保证服饰的美感。否则，无论你穿何种品牌、质地、式样、颜色的衣服，都会给他人留下不洁、不好的形象，也就无所谓服饰美了。

## 协调

一个人着什么装，怎样打扮，都必须与个人的性格、气质、身份、年龄，以及穿戴的环境、季节相协调，才能与审美要求相符，才能符合社交礼仪规范，才能给他人以美的享受。

下面介绍一下使服饰协调的几种方法。

**体现个性，与交际环境协调。**

人置身于不同的社交场合、不同的群体环境，就应该有不同的服饰打扮。在交际活动中，要考虑环境因素，除上学时需要穿统一的校服外，服饰穿戴要具有个性特点。在选择服装的款式、颜色、材料上要根据主观爱好、气质、修养、审美特点等，选择充分体现自身个性的服饰，使服饰与个性"相映生辉"，给他人以强烈的美感，从而穿出你独特的一面，在交际过程中产生积极、良好的影响。

体现个性风格，并非随心所欲，这里还有着装的交际环境、气氛的限制。服饰要与整体的交际环境、气氛相协调，只有这样，才有个性着装可言。比如说，在学校要穿统一的校服或运动服，目的是要整齐划一且便于活动，如果穿着庄重的西装或出席礼宴的礼服就显得不伦不类了。

出席婚礼，服饰的色彩可略微鲜艳明亮一些，但不可过度，否则有压倒新娘之势，这是不礼貌的。而参加葬礼吊唁活动，则应着深色凝重的衣服。在家休息时，可穿舒适的休闲服装。在运动场上，则要穿着适合运动的服装。

除与交际环境相协调外，还要注意与交际对象协调，以缩短彼此之间的距离，创造和谐融洽的交际气氛，使整个场合的气氛更加舒适、自然，这样，服饰美的目的也就达到了。

⊙一个人应永远保持礼貌和穿戴整齐。

**服饰选择与自身的社会角色相协调。**

在社会生活中，每个人都扮演着不同的社会角色，因此也就有着不同的社会规范，在服饰穿戴上也就有区别了。青少年朋友应尽量做到服饰与角色相吻合。如果你现在是学生，要按学校的相关规定着装或穿校服；如果你现在的角色是办公室职员，需要与同事或上司交往，你的着装则需要符合办公室礼仪，男士着西服，女士着套裙；假如你现在的身份是路上行人或公共场所的一员，则你的着装需要符合社会道德规范，要不伤风化和大雅。服饰美的创造必须与个人的角色特征密切吻合，这才能显示出服饰美的魅力。

**服饰穿戴与自身的先天条件相协调。**

青少年朋友在社交场合，都希望自身的美丽服饰给他人以美的享受。为了达到美化的目的，服饰的穿戴要注意扬长避短。青少年朋友在选择服饰的时候，不仅要考虑服饰的颜色、质地、款式，还要充分结合个人的脸形、身材、肤色等来着装。现针对不同肤色、身材，为青少年朋友提供以下一些着装参考。

肤色与服饰匹配适当。中国人多为黄种人，一般说来，不宜选择与肤色相近或颜色较深暗的衣服，例如，土黄、棕黄、深黄、蓝紫等，因为它们使得"黄"人更"黄"。通常适宜穿暖色调的衣服，例如，红、粉红、米色等。但如果你的皮肤比较白净，则深色或浅色的服装都合适。如果你的肤色稍暗，适合穿亮色衣服，例如，天蓝色、水粉色等，最忌穿纯白色衣服。因为纯白色衣服会让你显得更黑，那时恐怕就没有美感可言了。

体型与服饰合理搭配。如果身材高大修长，则各种服饰皆可；若稍胖，宜穿竖条形、不太肥的衣服。

如果你的身材比较矮小，适宜穿造型简洁、色彩简单明快、小碎花形图案的服饰。

肩过宽者，适宜穿大翻领、带垫肩的衣服，脖系丝巾或围巾，穿横条纹上衣。肩过窄者，适合穿柔软、贴身的深色上衣。

腿粗者，适宜穿有下摆的长裤或拖地长裙，直线条纹的裙、裤，下身选择深色系列。

腿细者，适宜穿横条纹的裙、裤，或不太紧的长裤，注意裙长及膝或膝下 3 厘米左右，不可选择高于膝盖以上的短裙或超短裙；穿浅色服装和丝袜，脚穿式样简单的低跟或平跟凉鞋。

腿长者，如穿裙子，最好过膝，系宽皮带，外衣长度要过腰部；长裤要与臀部紧贴，长度适中，裤脚反折。

腿短者，适宜穿直线条纹的裤、裙，或高腰长裤，如穿裙子，则下摆必须合身。

**服饰穿戴要与季节相协调。**

除了以上几点着装时需要注意外，青少年朋友的服饰穿戴还要与四季气候条件相协调，除非有特殊情况，否则，违背自然规律着装，不是热着了，就是冷着了，影响个人健康不说，与他人、与社会格格不入的着装不仅毫无美感可言，还有损个人形象。一般说来，春、秋季气候不冷不热，适宜穿着浅色调的薄厚适中的衣服；而冬、夏季就偏冷或偏热了，与之相适应，我们的着装则应该相应地偏厚或偏薄。如同样是裙装，夏天应着薄型面料的，而冬天则应该穿厚面料的；且夏季服装的颜色以浅色、淡雅为主，冬季以偏深色的为主，如深蓝、藏青、咖啡等色。

在现代社会，服饰已经远远超越了传统的实用、保护身体的基本功能，而是上升为一种服饰文化，它体现了一个人的社交形象与身份地位。掌握服饰的巧妙搭配与应用，对于提升个人形象至关重要。

# 良好礼仪少不了

> 一个人的礼貌，就是一面照出他的肖像的镜子。
>
> —— [德国]歌德

人的衣服可以由裁缝做得很合适，人的动作可以由教师教得很有派头，这些事情固然可以使他显得很体面，却没有一样能够使他变成一个受过良好教养的绅士。即使他还具有学问也是不够的，因为弄得不好，学问反而可以使他在与别人交往的时候更加无理，更加令人难受。由此，礼仪是在人的一切美德之上加上的一层藻饰，使它们对他具有效用，去为他获得一切和他接近的人的尊重与好感。没有良好的礼仪，其余一切成就就会被人看成骄傲、自负、无用或愚蠢。

没有教养的人有了胆量，胆量就会带有野蛮的色彩，而别人也必以野蛮相看待；学问就变成了迂气；才智就变成了滑稽；率直就变成了粗俗；温和就变成了谄媚。没有礼仪，无论什么美德就都会变样。美德是精神上的一种宝藏，但是使它们生出光彩的则是良好的礼仪。

按照英国著名政治思想家、哲学家、教育思想家洛克所说，所谓"教养"，它是以美德为根基，而以礼仪为藻饰的。如同钻石，经过琢磨和镶嵌之后，它就放出光彩来了。

美国成功学家马尔登也说过："文明的举止，还有这背后所蕴藏的对人的体谅、关心，是我们人生的一笔巨大财富。"不同的举止，可以使我们或者恼怒，或者平静；或者兴高采烈，或者羞愧难当；或者与禽兽为伍，或者与圣贤同列。这种东西好像是日常呼吸的空气一般，平时你感觉不到它的存在，但润物细无声，天长日久，一点一滴地对你产生作用。它是我们日常社交生活的润滑剂，是整个社会减少损耗、高效运转的助推剂。

有人常以"大家都这么做，我有什么办法"为自己"不拘小节"做挡箭牌。但恰如《格言联璧》里所说：多少良心就在"不为过"这 3 字下抹掉了，多少体面也就在"没奈何" 3 字前被抹去。但是，你所"不拘"的"小节"，恰是做人的"大节"！古希腊哲学家赫拉克利特说："礼仪是有礼仪人的第二个太阳。"德国大诗人歌德说："行为是一面镜子，在它面前，每一个人都显露出各自真实的面貌。"没有礼貌，缺乏教养，正从一个侧面反映出了这个人或自私，或懒惰，或吝啬，或贪婪，或傲慢等不良的人品。

糟糕的举止会搞糟一切；相反，良好的举止会弥补一切。它使我们说出的"不"字带上了金色，使真理变得甜蜜，使我们自身增加了三分美丽。

马尔登非常看重良好的礼仪对于一个人成功的作用，他认为良好的礼仪可以代替财富。对于有良好礼仪的人，所有的大门都向他们敞开。他们即使身无分文，也随时随地会受到人们热情的接待。他说，不妨假设有这么两个人，他们在其他方面都一样，只是在待人处世方面不同：一个谦和友善、助人为乐，举手投足无不具有绅士风范；而另一个举止粗鲁轻慢，对人总是吹毛求疵，

⊙一个人的教养之花离不开礼仪的浇灌。

没有一点合作精神。很显然，前者的事业会蒸蒸日上，后者只会江河日下。

德国有一句谚语："脱帽在手，世界任你走。"还有一位哲人说："礼貌的作用有点像船上的气垫，虽然里面空无一物，却可以大大减轻我们的颠簸。"

良好的礼仪能使我们在勤勉的同时，更容易获得成功。老话讲，"和气生财"，文明的举止习惯可以为你打开一切财富之门。它也能使我们减少人际的摩擦，使人生变得快乐轻松。

礼仪分为多种，如公务礼仪、商业礼仪、外事礼仪、学校礼仪、宴宾礼仪、宾馆饭店礼仪、婚姻礼仪、丧葬礼仪、诞辰和祝寿礼仪、节日与节庆礼仪、家庭交际礼仪、衣食住行礼仪等。下面以交谈中的礼仪原则，向大家介绍一些人际交往中的礼仪规范。

运用语言交际包括两个方面：一是听，二是说。

有人说，听别人说话是一门学问。青少年朋友在交际中应该学会听别人说话，在听别人说话时，应注意以下几个方面。

第一，思想集中。一般人说话的速度每分钟一般是120～180个字，而思维的速度要比这快4～5倍。因此，听别人说话时，注意力分散，就容易漏掉讲话人所说的重要内容。

第二，听别人说话时，应协助对方把话说下去。可用目光与说话人交流，也可适当点头，做一些手势，或通过一些简短的插语和提问（如"结果呢？"等），来暗示对方你确实在注意倾听，并对他的话很感兴趣。

第三，不要急于下结论。过早表态，易使谈话夭折。此外，听话应学会听出弦外之音、言外之意。据心理学调查，世界上的商人成功的原因之一就在于他们不仅能细心倾听顾客所讲出的话，而且能听出没讲出的话。亲友之间不能像商人经商，可还是应该充分理解对方。

一个人说话的好坏，与其知识储备和应变能力等有密切关系。但就一般的谈话来说，掌握一些基本的技巧还是有助于交谈顺利进行的。

青少年朋友在与人交谈时，选择适当的开始话题是重要的一环。在学习一种外国语言，进行情景对话时，谈论天气的话题是最为常见的。

但若不论时间、地点一味地谈天气，则不免会有些滑稽。谈话中，依当时、当地的环境情况，选择出一两项可谈的事，引出话题这是可取的。例如，到亲友家做客，不妨赞美一下室内的陈设，谈谈墙上的书画作品，摆在突出位置的工艺品等。这样的开场话，其目的主要是使气氛融洽。在评论某件物品时，不应用挑剔的口吻，而应用赞美的语言。

行为心理学家认为，肯赞美别人的人比不肯赞美别人的人更容易与人相处，更容易获得他人的帮助。家庭交际和其他的交际中，我们常发现，有些人赞美别人，别人顿感心情舒畅；有些人赞美别人，使人觉得尴尬。我们应尽量做到前者，而避免后者。

青少年朋友在与别人交谈时还要重视因交谈对象的不同而采取不同的态度。不同年龄、职业、地位的人们，其情趣、语言和习惯也就不同。因此，采用与谈话对象相同的语言和口吻，才容易使对方感到你是"自己人"，从而产生亲近感。当然，如果一个人的知识不够广博，也缺乏控制谈话的能力，那就不妨试着从对方的话题中发现他的兴趣所在，让他对自己感兴趣的东西发表看法。一般来说，某人感兴趣的东西，在他的知识储备中也多是精华部分。因此，可能通过与对方的交谈，扩大自己的知识面，也许会对对方感兴趣的东西也发生了兴趣，从而加深相互间的交往。

# 优雅谈吐印象好

美只愉悦眼睛，而气质的优雅使心灵入迷。

—— [法国]伏尔泰

谈吐能直接反映出一个人是博学多识还是孤陋寡闻，是接受过良好教育还是浅薄无知。而杰出人士往往能够在社交中侃侃而谈，用词高雅恰当，言之有物，对问题见解深刻，反应敏捷，应答自如，能够简洁、准确、鲜明、生动地表达自己的思想与情感，表现出其不同凡响的气质和风度。

作家于伶回忆与鲁迅先生谈话时说："鲁迅先生谈吐深刻、严密、有力而又生动活泼，句句吸住我们。渐渐谈下去，愈来愈强烈地发射出真挚的热情，又有一种严峻的强大的威力，从瘦削的脸上透射出来。"使人听得入迷，产生"听君一席话，胜读十年书"之感。

有人不善言谈是因为怕说错话。说话不当固然会伤人，但是否保持"沉默是金"的信条，永远信奉"闭口深藏舌，安身处处牢"，你就可以高枕无忧了呢？答案是否定的。要做一个成功者，要获得他人和上级的重视和赏识，沉默寡言绝非是成功之道。

成功者要想脱颖而出超越他人，就必须具备高超的说话技巧。苏秦游六国，说服各国国君联合；诸葛亮先是在隆中茅屋里侃侃而谈天下三分之势，说得刘备大为心折，后又舌战群儒，说服吴国国君孙权主战；至于当今的推销员，更是凭着说话的技巧，说动千万个顾客。国外有研究者调查了数千名事业获得成功的人，试图找出他们的共同之处，结果发现，这些人都懂得巧妙地使用言语。

在语言方面，交谈的总要求是：文明、礼貌、准确。语言是组织交谈的载体，交谈者对它应当高度重视，精心斟酌，这是不言而喻的。

青少年朋友作为有文化、有知识、有教养的现代人，在交谈中，一定要使用文明优雅的语言。下述几种语言，绝对不宜在交谈之中采用。

## 粗话

有人为了显示自己为人粗犷，出言必粗。把爹妈叫"老头儿"、"老太太"，把女孩子叫"小妞"，把名人叫"大腕"，把吃饭叫"撮一顿"。讲这种粗话，是很失身份的。

## 脏话

讲脏话，即口带脏字，讲起话来骂骂咧咧，出口成"脏"。讲脏话的人，非但不文明，而且自我贬低，十分低级无聊。

### 黑话

黑话，即流行于黑社会的行话。讲黑话的人，往往自以为见过世面，可以吓唬人，实际上却显得匪气十足，令人反感厌恶，难以与他人进行真正的沟通和交流。

### 荤话

荤话，即说话者时刻把艳事、绯闻、色情、贬损挂在口头，说话"带色"、"贩黄"。爱说荤话者，只不过是在证明自己品位不高，而且对交谈对象不尊重。

### 怪话

有些人说起话来，怪里怪气，或讥讽嘲弄，或怨天尤人，或黑白颠倒，或耸人听闻，成心要以自己的谈吐之"怪"而令人刮目相看，一鸣惊人。这就是所谓说怪话。爱讲怪话的人，难以令人产生好感。

### 气话

气话，即说话时闹意气，泄私愤，图报复，大发牢骚，指桑骂槐。在交谈中说气话，不仅无助于沟通，而且还容易伤害人、得罪人。

青少年朋友在交谈中多使用礼貌用语，是博得他人好感与体谅的最为简单易行的做法。所谓礼貌用语，简称礼貌语，是指约定俗成的表示谦虚恭敬的专门用语。在社交中，尤其有必要对"您好"、"请"、"谢谢"、"对不起"、"再见"5 句 10 字礼貌语经常加以运用，并且多多益善。优雅的谈吐可以在生活中培养，而且有以下几点技巧：

## 有效的说话态度

说话时应该态度从容，双目注视对方，表示出诚挚的神情。随时注意对方的反应，这是说话"有效"的关键所在。发现对方很感兴趣的样子，你就继续深入；发现对方怀疑的样子，你就要对你刚才说的话稍加解释，不要只顾往下说；发现对方神情不悦的样子，你就该设法结束或者换一个话题；发现对方要插话或问话的样子，就要停顿让对方发表意见，这才称得上"交流"。谈话时不管对方反应，只是自己一味滔滔不绝，这样你就是在说给自己听了，是谈话之大忌。

## 说对方关心的话

人最关心的是与自己有关的事，所以不能只谈自己的主张。一再说"我"，会让对方觉得自己的存在和主张被忽略了，因而在心中形成一道鸿沟，即使你说得再天花乱坠，他也只是漫不经心。对方既然是和你同样的人，当然也有谈论自己的欲望。如果希望表示你的出色，就不要只专注于谈论自己，而要把会话的方向转向对方和对方关心的问题，对方将给予你更高的评价。

## 不要故作高深

说话不需要矫揉造作，卖弄辞藻。动辄引经据典做高深状，其实言之无物，结果对方早已听得心烦，还是等于白说。说话应以打动对方为最高目标。用质朴自然的话把自己最熟悉的事讲出来，最能打动人心。自己一知半解的问题，最好免开尊口，"以其昏昏，使人昭昭"是不可能的事。

其实，即使是最生动活泼的会话，其内容也有不少是无意义的赘言。至少在开始的一长段时间内，在"发动"的准备阶段，大家都不会情绪热烈地敞开心扉。如果这时你就抛出一些抽象的理论或高深的哲理，无疑会使对方难以产生共鸣，对方只好关闭刚欲开启的心扉，让你独自在"高雅"的天空翱翔。

人生并不是在做戏，"无聊的谈话"正是为了在双方心灵之间先拉好吊桥的钢缆。有一句话说得很正确："不要执意于深奥或好听的话，相反，要用普通的句子和身边的事物作话题，来建立你的人际关系！"

## 使人赞同的说话方法

在谈话中提出自己的观点，又使这种事情与对方有连带关系，对方将会欣然赞同你的观点。比如说，"我也是这么想的"、"我也有这样的感觉"、"看来我在这点上与你相同"、"你可能也知道这件事"等。如果你叙述的感觉和经验，使对方觉得与他的感觉经验有相似之处，他当然会赞同你。正如对好恶感的心理分析所得出的类似性原理：有类似观点的人容易亲近。

如果必须讲出与对方观点相反的话，也应找出一些同意的地方，有了这些双方一致的共同点，你的相反观点也较容易被对方接受。

就算你拥有再高的天赋，受过再高深的教育，穿上再漂亮的衣服，拥有规模再大的财产，如果你不能用优雅的谈吐来表达自己的思想，你的品位就不能算高，你的人生也并不完美。为了在交往中成为受欢迎的人，优雅的谈吐是必不可少的。那么，青少年朋友们从现在就开始培养吧。

# 本领十二：充分展示最棒的自己

## ——像演员一样具有旺盛的表现欲

 **哈佛告诉你**

在"酒香也怕巷子深"的今天，如果你仍静待伯乐的光临，必将错失许许多多美好的机遇。这个时代要求你有特长就发挥出来，有本领就展示出来，是千里马就去奔跑，用自己的才能征服众人，随时准备展示最棒的自己。

## 做演员，不做看客

> 我存在，乃是所谓生命的一个永久的奇迹。
>
> —— [印度] 泰戈尔

受传统观念影响，许多青少年朋友习惯于将自己的优点深深地埋起来，甘心只做个看客，认为这样才是稳重，才是矜持，才是谦虚。反之，则是爱出风头，爱炫耀的表现。稳重的确是优点，但如果长期深藏自己，可能就会导致这样一种坏处：时间久了，连我们自己也忘了自己的优点在哪里。

在给学生做心理辅导时，济南某中学的一位老师曾出过这样一道题：让同学们在纸的正反面分别写下自己的优缺点。

令老师吃惊的是，大部分同学在写自己缺点时洋洋洒洒，颇有一番"如数家珍"的气势；而写自己的优点时，却抓耳挠腮，不知所措，困惑的目光似乎在反问老师："我怎么会有优点？"

一位在美国讲学多年的老师，讲了中国学生和美国学生在课堂上截然不同的表现："我在国内讲学时，发现中国的学生先把后面的座位坐满了，实在没办法了才坐到前排去，原因是大家都不想太'显眼'；而在美国恰恰相反，大家都希望自己被注意到，能够有更多展现自我的机会，他们甚至主动将硬纸片对折立在桌面，将自己的名字写在上面，希望老师能够叫到自己。当老师提问时，中国学生明明能回答，也不肯积极地举手发表自己的看法；而美国学生，则会积极地抓住机会……"

或许青少年朋友觉得"是金子总会发光"，但你需要明白，没有一种成功的过程和结果是不"显眼"的，你拒绝让自己"显眼"，在某种程度上就是在拒绝成功。拒绝"显眼"的实质，其实是你害怕被人否定，被人嘲笑。放弃"显眼"的结果，则会让你更加不自信。

因此，青少年朋友有必要像鸟儿展现自己最美丽的羽毛一样，将自己的优点展现出来，这绝不是出风头、炫耀的表现，而是在与别人分享内心中对自己的认同，是为自己赢取更多发展空间的明智之举，也是走向成功的不变定律。

2005 年春节，某省电视台举行"青春女生"的比赛，有一个相貌平平的女孩子去参加考试，顺利通过了初试和复试的选拔。在决定能否参加决赛的考察中，电视台的工作人员当面告诉她不能被选上，理由是她的形象不适合电视台的节目。

这位女孩觉得很伤自尊，很憋气。本来那扇门已经关闭了，她却头脑一热突然转回身又打开了门，对主持面试的电视台工作人员说道："尊敬的先生，我们这次比赛的主动权掌握在您的手里，我没有讨价还价的资格。其实，您不需要任何理由就可以否定我，但您给了恰恰是一个不能被我接受的理由。当然，我可以像成人一样，通过美容等手段把自己打扮得漂漂亮亮，但我个人坚持认为：学识、内涵和个性才是真正可贵的。我觉得我活泼开朗，热情大方，能够随机应变，积极进取，敢于对拒绝说'不'，这正是我们这个时代的青春少女所拥有的特色，而这是我多年磨炼的结果，是无法用服装发型等外在形象所能改变的。"

本来她这样做只是想出一口恶气，不料这种方式恰恰展现了她的过人之处。第二天，电视台的节目组与女孩联系，告诉她被录用了。

后来，这位女孩在一篇文章里总结这次成功经历时说："头脑简单的鸟儿可以把自己生命中最可贵的东西——美丽的羽毛，在最短的时间内展示出来，引起别人的注意，但人却不能。这个时代已经很难给人一种机会，能像泡工夫茶一样让一个人的优秀品质慢慢地显露出来。为了更好地生存，人应该学习鸟儿，学会在最短时间内展示自己最优秀的一面。"

另一个女孩子也是由于勇于展示自己而得到了一份不错的工作。

她是一个毛遂自荐者，英文不错，想到出版社当编辑。由于出版社当时没有英文书的出版计划，所以没有聘用她，但把她推荐给另一家出版社，这个女孩就有了一份很好的工作。

负责人后来谈及此事，说这个女孩的英文能力并不如她自己描述的那么好，可她敢于展示自己，在这一点上表现了她主动积极和勇于向陌生人、陌生事挑战的一面，这样的人才谁都会喜欢。

青少年朋友会发现，生活中的每一个环节都需要发挥自我展示的能力。例如，向朋友展示自己的感情，向老师展示自己活动的提案，向父母推销自己课余活动的安排……你必须练习做自我展示，才能够得到身边人们的支持，使你的生活更顺畅。

现代社会，在展示我们自己的时候，已经不需要谦虚了。因为每个人都把自己武装到了牙齿，你的特点也就没那么突出了。因此青少年朋友还必须学会以最快的速度、最简捷的方法展示自己最优秀的部分，这样才能在芸芸众生中脱颖而出。

# 良好的语言表达能力是精彩人生的基石

勇敢地走你自己认为正确合理的道路。

—— [法国] 罗曼·罗兰

与别人沟通交流最直接的方式就是语言，良好的语言表达能力对人取得社会交际的成功非常重要。可以说，良好的语言表达能力是人生精彩的基石。

交际中的人应该明白，良好的语言表达能力首先可以准确地表达自己的愿望与思想，可以在沟通交往中收到良好的效果。如果不能清楚地表达自己的思想，收不到预期的效果，事情就会变得很糟糕。日常交际活动中常有这样的事。

有个人做东请4位朋友到家中喝酒，乙、丙、丁3人早到了，甲却没来，主人随口说道："唉，该来的不来。"乙听了这话心想："该来的没来，莫非我是不该来的吗？"他拔腿就走了。主人不知道自己说错了话，又说："不该走的又走了。"丙听了很不高兴："不该走的人走了，那就是说该走的人是我喽。"他也一言不发、气呼呼地走了。主人不明白怎么回事，还挺委屈地对丁说："我又不是在说他。"不料丁也受到了刺激："莫非是在说我。"于是，丁勃然大怒，拂袖而去，独留下主人空对一桌酒席发呆。

如果一个人具备良好的语言表达能力和优雅的谈吐，那么他人就能为你倾倒，乐于跟你亲近，你也就能广结朋友，受人欢迎。现在的社会，是一个越来越注重人际交往的社会，所以对于说话的艺术，青少年朋友也就更加不能小觑，而要让它成为一种真正能打动人心的艺术。

那么，如何才能让说话成为一种艺术？青少年朋友可以通过以下这些方法培养自己能说会道的能力。

### 精心选择话题

谈话时要选择那些容易引起别人兴趣的话题，这样有利于营造一个轻松融洽的谈话氛围，使交谈得以继续深入下去。

### 满足对方的心理需要

在日常生活中，无论是生理上还是心理上，都有各种各样的可以交流的话题，谈话时应尽可能地从某一方面去满足对方的需要。

| 良好语言能力四原则 | |
|---|---|
| 要实在，不要花言巧语 | 说话办事讲究实在，切忌追求华丽，哗众取宠 |
| 要通俗，不要故作姿态 | 说话避免深奥，要使用大众化语言 |
| 要简明，不要模糊不清 | 说话要简明扼要，条理清晰，否则别人会听不懂 |
| 要谦虚，不要妄自尊大 | 谦虚是一种美德 |

## 从关怀对方入手

关怀和帮助是每个人都需要的，因此关心对方也是个永远受欢迎的话题。有些人无论在鸡尾酒会上还是在日常生活中，他们都能自如地同病人谈治病强身的方法，同家长谈培养子女的方法，同青年人谈今后的发展目标，同家庭主妇谈安排生活的诀窍，同学生谈提高学习效率的方法……这些话题无一例外都是对方乐于接受的。

## 以理服人

这个"理"必须是站得住脚的，不会被人驳倒的。如果被人驳倒，那么这个理就不能服人，就没有了说服力。

## 借题发挥法

借题发挥出来的看法，必须是别有新意，如果没有新意，那么就没有了说服力。借题发挥出来的意思必须尖锐有力，这样才能更有力地击中对方。

## 词语巧解法

著名国画大师张大千先生，有一次大家为他举行饯别宴会。大家入席坐定，不免都有点感到拘谨。宴会开始后，张大千举杯向戏剧大师梅兰芳敬酒："梅先生，你是君子，我是小人，我先敬你一杯。"听了这句祝酒词，众宾客都愣住了，梅兰芳也不解其意。接着，张大千笑着说："你是君子——动口，我是小人——动手！"这话正好和着"唱戏动口，绘画动手"——"君子动口不动手"，于是逗得满堂宾客大笑不止，梅兰芳也乐不可支，举杯一饮而尽。气氛顿时变得十分融洽。

小人本来是贬义词，但经张大千一解释，却成了褒义词，像这样巧妙地解释词语的说话方法就叫作词语巧解法。

### 悬念吸引法

如果我们在说话时也能制造悬念、卖关子，那么我们的讲话一定可以吸引人。

悬念只有在精心策划以后才能出现。如果不动脑，而想悬念出现，那是不可能的。悬念在讲述过程中，必须能吸引人，叫人相信。如果不能吸引人，不能叫人相信，那么效果就不会太好。

### 自然流露法

要讲的话，必须是内心的自然流露，言为心声，心里怎样想就怎么说，讲究自然得体。

### 循循善诱法

循循善诱就是正面引导，使对方逐步提高认识、分清是非，从而解决思想问题的一种方法。

### 旁敲侧击法

从侧面，从另一个角度来说这个问题，结果往往会取得更好的效果。通常，在正面说明自己的意见不容易被人接受时，才使用这种方法。旁敲侧击的语句，必须使人一听就懂，而且富有启发性。如果别人连意思都听不懂，或者不能给人以启发，那就不能使用这一方法。

### 先发制人法

先发制人法是在对方尚未讲话之前，先发动进攻的一种说话方法。这是抢在别人前面，给他人心理上制造压力，从而使对方被制服的一种说服方法。在这里，我们千万不要将这种做法和那种"恶人先告状"的做法混淆，我们可以在必要的场合下，合理地使用这一方法。

冰冻三尺，非一日之寒。只有在日常的言行中注意自己表达能力的培养，才能得到充足的锻炼机会，在关键的时候方能一显身手。

# 在辩论中挥洒激情

凡人唯能悔，然后能进德。

—— [中国] 陶觉

如果你还在为自己的口齿笨拙而苦恼，那么不妨多参加一些学校、班级组织的辩论赛。辩论赛是提高语言表达能力的最有效的途径。

要想在辩论赛中获得成功，做到以下几点非常重要。

## 丰富知识

知识丰富的人，才能有话可说，才不容易被人驳倒，才能做到能说会道，才能滔滔不绝、口若悬河。辩论赛是智力和学识的比赛，只有敏捷的反应、丰富的学识才有可能辩论过对方。而且敏捷的反应还要以学识为基础。

涛涛的父母只上过初中，父亲在低压电器厂工作，母亲在技术科工作。

涛涛的性格好静不好动，喜欢看书和玩积木，有时也和父亲一起下象棋、玩扑克游戏等。他的克制能力很强，每天晚上的电视节目只看新闻类、时事类节目，其他节目很少看。

有人问涛涛为什么喜欢读书时，他说："我读的书还不算多，但我明白一个道理，那就是——聪明全靠学习，知识来自积累，书是知识的源泉，我百读不厌！"

这也是涛涛为什么能在全国性的大赛中，从众多的优秀选手中脱颖而出的原因。在比赛中，面对各种问题，涛涛都能做到不慌不忙，对答如流。如果他不具备这些知识，那么，他就会卡壳，就会答不出问题，也就不可能成为比赛的佼佼者了。

由此可见，知识对培养能说会道的能力作用很大。但是，这里所说的丰富知识，积累知识，不仅仅是指书本知识，而且也指实践中的知识。如果仅有书本知识，而缺乏实践的知识，也不可能真正做到能说会道。

## 讲话时要勤于思考

人之所以说话，主要是为了交流、沟通思想，或者是要把对方说服、辩服。在什么场合怎样说话，在什么对象面前怎样说话，这必须要认真对待，勤于思考，也就是说必须认真动脑，好好想一想才能说。在辩论中不动脑筋地信口开河，不负责任地乱说，既影响自己论点的说服力，还有可能输掉比赛。特别是在碰到难题的时候，更应勤于动脑。

## 摆观点要旗帜鲜明

辩论必须做到观点正确，旗帜鲜明。在辩论中，对原则问题，要语言明确，毫不含糊。自己爱什么、恨什么、拥护什么、反对什么，都必须鲜明地体现在自己的言辞之中。逻辑的力量在辩论中是不可低估的，要取得辩论的胜利，必须有正确的论点、充足的论据和有力的论证。当然，也应注意用词艺术，考虑不同对象可能接受的程度。

## 讲话要快人快语

论辩口才形态与对话、答问一样，都具有临场性的特点，面对来势猛烈的攻击，论辩者不允许有过多的思考时间，因此必须要反应敏捷，在瞬间选用简洁、凝练的话语回击对方，出口成章，应对自如。在针锋相对的激烈舌战中，论辩者必须"兵来将挡，水来土掩"，使用锋利、明快、夹枪带棒的语言，迫使对方频频后退，难以招架。

## 逻辑思维要严密

论辩中要善用逻辑利器，或攻其命题，或驳其论据，或揭其论证的荒谬，充分体现论辩语言的思辨特征，使对手无暇思索。

讲话时要言之有序，不要语无伦次。"言之有序"就是指说话要有条有理，有先后与轻重。

说话的目的是让人听清楚，听明白，如果语无伦次，不但听不明白，还有可能越听越糊涂。

怎样才能有顺序呢？一般而言可以按一件事发展的先后顺序说，譬如说发生了一件事，可以先说发生的时间、地点和事件，再按事件的开始、发展、结局的顺序说。

如果说自己做的一件事，可以按先做什么，接着做什么，然后又做什么，最后做成了什么的顺序说。还可以按方位、空间位置转换的顺序说，也可以按先总后分的顺序说。

## 语言要幽默风趣

幽默在论辩中有着神奇的力量。试着剥去对方的伪装，或者找出对方的漏洞时，寓刀枪锋芒于说笑之中，以辛辣的讽刺，痛快的驳斥，使对手不得不在哄堂大笑中败下阵来。

1959 年，美国副总统尼克松访问苏联（今俄罗斯），在此之前，美国国会通过了一项关于被奴役国家的决议，对苏联及东欧社会主义国家进行攻击。在尼克松与赫鲁晓夫会晤时，赫鲁晓夫对尼克松说："这个决议臭极了，臭得像刚拉下的马粪，没有比马粪更臭的东西了！"

赫鲁晓夫出言粗俗，欲使尼克松难堪。谁知尼克松回敬道："我想您大概搞错了，比马粪臭的东西有的是，猪粪就是！"

因为赫鲁晓夫年轻时当过猪倌，所以，尼克松借题发挥，歪打正着，赫鲁晓夫的脸腾地就红了。

## 辩论贵在随机应变

辩论中常会遇到对手的"围追堵截"，围绕一个主题要旁征博引、引经据典，要求思路有足够的跳跃性和应变能力。

清乾隆年间，宁波天童寺的圆智和尚就是凭借一张巧嘴和随机应变的能力和乾隆皇帝来了番斗智斗勇。

有一次，乾隆皇帝只身微服南下，来到宁波后，便独往天童寺。圆智闻知此事，马上下到山脚，笑迎乾隆皇帝，并合十躬身轻声道："小僧天童寺住持圆智接驾来迟，万岁恕罪。"

乾隆听说此人就是有名的善言和尚圆智，想先给他一个"下马威"，便把面孔一板，厉声问道："你既知朕躬到此，为何不率众僧，大开山门，跪接圣驾？你这轻轻一揖，莫非有意亵渎圣躬？该当何罪？"

圆智不慌不忙地说："小僧岂敢亵渎圣躬，只因这次圣上南巡，乃是微服私访。小僧若劳师动众，唯恐引起游人瞩目，有碍圣上安康，故独自一人在此恭候。"

乾隆听他说得合情合理，只好说："恕你无罪，前面带路便是。"一路上，乾隆又道："大和尚，今日朕躬上山，你能不能拿我作个比方？"

圆智闻言，暗自思忖："这可不好比。要是比得不好，全部都得遭殃。"但他忽然脑子一转，笑着说："万岁爷上山，可有一比：好比佛爷带你登天，一步还比一步高。"乾隆一听，心里不大是滋味：圆智自比佛爷，占了自己的上风，但又无可指责，只好暂时作罢。

2人来到天王殿，只见弥勒佛喜眉笑眼地迎面而坐，乾隆的点子来了，便指着弥勒佛问圆智："请问大和尚，他为何而笑？"

圆智答道："启禀圣上：他是在笑贫僧命运乖蹇，身入空门，终日青灯木鱼，碌碌无为。"

乾隆一听，心中暗喜：这下子给我抓住把柄了。又问道："他也在对我笑，照你所言，他也在笑我碌碌无为了。"

圆智面对乾隆咄咄逼人的发问，不慌不忙地应答道："哪里哪里，佛爷对不同的人的笑有不同的意义。他对万岁爷迎面而笑，是笑你为万民操心，以国事为重，不像凡夫俗子，气量狭窄，笑里藏刀！"这一番话所指，乾隆心中自然明白，但却又无懈可击，不好发作。

乾隆离寺时，圆智送他下山。走到半山腰，乾隆想起上山之比，想再难一下圆智，便说："我上山时，你说我一步还比一步高，现在我正在下山，你又该怎么说呢？"说完，得意地看着圆智，谁知圆智稍思片刻，即从容答道："如今好比如来佛带万岁下山，后头更比前头高啊！"

圆智和尚靠自己的智慧和灵活的应变能力辩赢了乾隆，同时也使自己一次一次摆脱乾隆的话语陷阱，既占了上风，又让乾隆无法挑剔。

青少年朋友不必具备如此高强的应变能力以应对乾隆式的人物，但在辩论赛中这项技能对最后的结局将有至关重要的作用。

辩论赛是一场知识的比拼，是一场勇气的较量，是一场衡量智谋与技巧的没有硝烟的战争，也是一次表现自我才华的绝佳机会。投入到积极的辩论中挥洒激情，大声对自己说：我能行！

# 展示自己并不是炫耀

你庆幸自己是世上独一无二的，应该将自己的禀赋发挥出来。

—— [美国] 卡耐基

有些青少年朋友不愿展示最棒的自己，认为展示才华是一种炫耀，是虚荣的表现。实际上，这种想法是大可不必有的。人生是一个大舞台，每个人都是舞者，将最精彩最优美的舞姿奉献给观众，一定会博得热烈的掌声和美丽的鲜花。

在一届春节联欢晚会上，全国亿万观众同时被一个节目深深地感动了。这是个群舞，叫作《千手观音》。表演者动作分配有序，节奏感很强。全场演出，观众只看到了一张生动美丽的面孔，而其他演员只扮作"千手"，让观众看到了他们的手臂。这场演出是精彩的，是成功的，而更加令人感到震惊和感动的是：这个舞蹈的所有演员全部是聋哑人。他们听不到一点声音，也无法利用有声语言进行交流，他们在表演时对音乐节奏的把握完全取决于舞台旁几位聋哑老师手语的指导和平时的训练。

舞台上，这些舞者是光彩照人的，他们的每一个动作都精确到位，优美异常，让观众切切实实地感受到了"千手观音"的神圣。

舞者们在舞台上将自己最美的一面展示给了观众，他们赢得的不只是鲜花和掌声，还有观众们的喜爱和尊敬。

| 如何充分展现自我 |
| --- |
| 顺其自然 |
| 突破自我，展现个性 |
| 完善自我 |
| 有信心和勇气 |

展示并不等同于炫耀，同样，炫耀也不是完美的展示。每个人都有表现自己才华的权利，而且应该鼓励这种展示。但是，如果拿自己的才华作为炫耀的资本，那么这种行为就是非常不可取的了。

某位影视明星上大学时的一段经历，会对青少年朋友有所启示：他在北京电影学院学习表演专业，学习认真，成绩优异。刚刚大三就已经参演了几部电影，并在其中一部担当主演。导演很看好他，老师很欣赏他，同学也很羡慕他。他渐渐地感觉飘飘然了。逢人便谈自己演的电影，自己塑造的角色，连课堂发言也如此。老师让分析角色，他说着说着便又扯到了自己的电影上，一来二去，同学觉得没有新意，颇有不满之词。

"是老师的一番话让我开了窍，"他说，"那天我又不自觉地谈到了我原来参与的电影，这时，我们的教授抬手示意我先停一下，老师在讲台上踱着步子，向左走 5 步回来，再向右走 5 步，再回来，反复几次之后，停在了他原来站的那个位置上，对大家（可我感觉到目光是直视我的）说：'你们都是优秀的。也许今天你们为能在北影读书感到骄傲，可北影总有一天会为你们感到自豪。这，需要你们经历过无数次的锻炼与打磨。如果你们只满足于自己目前的状态，为现有的一点点小成绩而沾沾自喜，那么只能像我刚才在讲台上踱步一样，最终回到原点，没有突破。'老师的话只有几句，只讲了不足 1 分钟，却在我耳边回荡了近 30 年，直到现在。"

他说老师的这段话造就了他今天的成绩。他从此明白了，作为演员，就要大胆地去展示，尝试塑造各种不同的人物造型，但这只能是在银屏上，退下银屏，就要有所收敛，昨日再辉煌的成就也不足以成为今日炫耀的资本。在生活中，要谦和，才能搞好家庭内部和邻里之间的关系；在工作中要谦逊，才能取得工作上的顺利和同事的尊重；在学习中要谦虚，才能学到真才实学并能够博采众长。

在需要展示你的才华时，就充分地去展示，做到热情洋溢、落落大方；在不宜展示自己时，就要做到韬光养晦，含而不露。如此收放自如，既展示了自己的风采，又有效地保护了自己，是广大青少年朋友都应该学会的。

# 本领十三：深谙人际交往的技巧

## ——让自己成为最受欢迎的人

 **哈佛告诉你**

　　人与人之间的交流与沟通在当代社会中发挥着越来越重要的作用。巧妙地与他人交往，努力使自己成为深受别人喜欢的人，是当代青少年面临的重要一课，也是一生需要遵循的行为准则。

## 诚信是人际交往的第一准则

　　说谎话的人所得到的，就是即使说了真话也没有人相信。

　　　　　　　　　　　　　　　　　　　　　　　——伊索

　　"狼来了，狼来了……"就算小孩喊破喉咙，也不会有人来救他了，因为山下的农夫已经被他欺骗了两次，不会再上第三次当了。最后，小孩后悔自己当初说了谎，可已经于事无补了。

在我国的传统教育中，一向把青少年撒谎视为生活中的大忌。不说真话，没人相信，也就失去了与人交往的基础。在现实生活中，青

⊙人际交往应杜绝虚伪，以诚信为本。

少年说谎是家长和教师最不能容忍的坏习惯。但事实上，世界上几乎没有从不撒谎的人。

"真理、正直、公平和高贵是永远分不开的，"一个美国著名的政治家在给儿子的信中说，"谎言来自卑鄙、虚荣、懦弱和道德的败坏。谎言最终会被揭穿，说谎者令人鄙视。没有正直、公平和高尚，就没有人能够取得真正的成功，能赢得他人的尊敬。说谎的人迟早都会被发现，甚至比他自己想象得还要快。你真正的品格一定会为人所知晓，一定会受到公正的评价。"

传说古时候有位靠打柴为生的樵夫，过着贫苦的生活。一天，他砍柴的时候不小心将斧头掉进了河里。河水很深，他无法取回自己的斧头，而这把斧头是他唯一的家当。于是他站在河边大声呼救，但是周围连个人影也没有。他的呼救声惊动了上帝，上帝派主管交通联络的神墨丘利下界相助。墨丘利先是从水中捞出一把银斧头交给樵夫，樵夫摇摇头说，这不是他的斧头。墨丘利第二次潜入水中，捞出一把金斧头，樵夫还是摇头。他说自己的斧头既不是金的也不是银的而是铁的。于是，墨丘利第三次潜入水中，捞出了樵夫那把破旧的铁斧头。墨丘利感慨地说："我看你是一个诚实的人，这些斧头我留着也没有什么用，就都送给你吧。"

这个寓言故事告诉青少年朋友：做人要诚实守信，说话应该说真话，

这是安身立命之本。

一个人在火车上坐下后，把自己的包裹和行李放在了旁边的座位上。后来，车上人越来越多，车厢越来越拥挤。这时，有一位先生问他旁边的座位是否有人。他说："有人。那人刚刚去了吸烟车厢,他一会儿就回来。你看，这些东西就是他的。"但这位先生怀疑他所说的话，就说："好吧，我坐在这儿等他回来。"于是，这位先生把行李和包裹拿下来，放在了地板上和行李架上。这个人怒目而视，却什么话也说不出来。因为那位在吸烟车厢的人是他编造出来的。不久，这个人到站了，他开始收拾自己的东西。但那位先生说："对不起，你说过这些行李是一个在吸烟车厢的人的。我有义务保护这些行李不被你拿走。"这个人发怒了，他开始骂人，却不敢去碰那些行李。乘务员被叫来了，他听了这两个人的话后说："那好吧。我来掌管这些行李，我会把它放到这一站。如果没有人认领，那就是你的。"乘务员对着那个为了占座位而否认自己行李的人说。在乘客们的哄笑声和鼓掌声中，这个人没带行李就灰溜溜地下了车。他刚下车，火车就开动了。第二天，他拿到了自己的行李。为了霸占一个不属于他的座位，他撒了谎，也为此受到了惩罚。

撒谎是一个人从小养成的坏毛病，对青少年朋友的成长存在诸多不利影响，所以每一个青少年朋友都应当认真对待这一棘手的问题，顺利地解决它并非易如反掌，需要你的自制力和耐心。

**第一，了解撒谎的原因。**

有时撒谎是因为做了错事，怕受责备和惩罚；有时撒谎是为了逞能，或者满足自己的虚荣心。正确的做法是，应在自己的脑海中逐渐形成一个一览表，它可以包括：你在自己活动时喜欢到什么地方玩；你在看电视方面有何习惯等。随着你的日渐成长可以对这个一览表做些修改。要多与家长交流，与老师交流，全面了解自己自身各方面情况。想想自己撒谎是为了什么，然后再对症下药。

**第二，了解自己的朋友。**

"近朱者赤，近墨者黑"，撒谎的青少年必定有爱撒谎的朋友。

青少年朋友有权利赞成或反对同某位朋友来往，但需要注意的是，只有掌握了能证明这位朋友劣迹的确凿证据后才能这样。

**第三，制定一个应对自己说谎的策略。**

不要企图为自己的谎言辩护，而应当把精力放在如何避免自己日后再次说谎。倘若你就回家很晚一事说了谎，你应该清楚为什么晚上尽早回家非常重要，而父母为什么又必须知道事情的真相。

你可以请父母帮助对自己进行监督，如再次撒谎就采取一些惩罚措施。

每个人都喜欢与诚实、守信的人交往，这样双方都会感到安全、快乐；诚信是社会秩序得以存在的一个先决条件，也是人际交往的第一准则。在现代企业中，诚信已成为自身品牌、形象的衡量标准之一。请相信：诚信对待他人，必会获得他人传递给你的诚信。

# 说话要注意场合与分寸

不尊重别人感情的人，最终只会引起别人的讨厌和憎恨。

—— [美国] 卡耐基

幽默、风趣、得体的语言可以调动谈话者的热情，使周围的气氛热烈起来。但需要注意的是，当你要用语言来表达自己的意图，让别人接受你的观点时，应该根据谈话对象的身份、地位、心境以及你们所处的场合选择合适的措辞。

## 说话要讲究场合

不同时间、不同地点，也许人们的社会地位等因素都发生了改变，所以语言也要适当地随之变动。

明代开国皇帝朱元璋，出身贫寒，少年时候就放牛，给有钱人家打工，甚至还为了果腹而出家为僧。但朱元璋胸有大志，风云际会，终于成就一番霸业。

朱元璋当了皇帝以后，有一天，一位儿时的穷伙伴进京来求见他。朱元璋很想见见旧日的老朋友，可又怕他讲出什么不中听的话来。犹豫再三，总不能让人说自己富贵了不念旧情吧，还是让传了进来。

那人一进大殿，即大礼下拜，高呼万岁，说："我主万岁！当年微臣随驾扫荡芦州府，打破罐州城。汤元帅在逃，拿住豆将军，红孩子当兵，多亏菜将军。"

朱元璋听他说得动听含蓄，心里非常欢喜，回想起当年大家饥寒交迫时有福同享、有难同当的情形，心情很激动，立即重重封赏了这个老朋友。

消息传出，另一个当年一块放牛的伙伴也找上门来，见到朱元璋，他高兴得忘乎所以，生怕皇帝忘了自己，指手画脚地在金殿上说道："我主万岁！你不记得了吗？那时候咱俩都给人家放牛，有一次我们在芦苇荡里，把偷来的豆子放在瓦罐里煮着吃，还没等煮熟，大家就抢着吃，把罐子都打破了，撒下一地的豆子，汤都泼在泥地里，你只顾从地下抓豆子吃，结果把红草根卡在喉咙里，还是我出的主意，叫你用一把青菜吞下，才把那红草根带下肚子里。"

当着文武百官的面，朱元璋又气又恼，哭笑不得，喝令左右："哪里来的疯子，来人，把他轰出去。"

同样的内容不同人用不同方式说出来，情况就会有所不同。第二个人不但没有得到封赏，反而被轰了出去的原因就是他没有掌握好说话的场合。今日的朱元璋已不是昔日一起游戏、讨饭的小叫花子，而是堂堂一国之君，当着众多大臣的面直接揭皇帝的短，不是冒险还能是什么呢？

## 说话还要看对象，正所谓"看人下菜碟"

这里并没有阿谀奉承之意，而是说要根据对方的年龄、性别、文化程度、身份、职务、心情等来选用语言。

说话时要看对方的文化程度。人口普查员填写人口登记表，问一个没有文化的老太太："你有配偶吗？"老太太说："你是问我有没有买藕吗？"结果闹了个笑话。

一位大学生毕业分配到一家工厂，起初很得领导赏识，但好景不长，不到 1 个月，车间主任就对他越来越冷淡了。大学生讲话爱用术语。什么"程序化"、"控制论"、"结构定向"等。而车间主任是中专毕业生，最讨厌别人在他面前咬文嚼字、卖弄学识。这位大学生无形之中触到了领导的"自卑神经"，使自己处于不利位置。

说话要看对方的身份职务。对不同身份职务的人交流有不同的方式。下对上、晚对长、生对师、普通人对有名气地位的人等，不应当也不必要表现得屈从、奉承。但在言谈举止上则不要过于随便，有必要也应当表现得更加尊重一些。如学生与老师之间发生了矛盾，可以像同学之间发生矛盾一样平等地交流、沟通，但在说话时应当注意方式和讲究措辞。

一般来说，在不是十分严肃庄重的场合，身份较高的人对身份较低的人说话越随和、越风趣越好，而身份较低的人对身份较高的人说话则不宜太过随便。

说话时要看对方的性格和心境。性格外向的人善于言谈，乐于交往；性格内向的人多半"沉默寡言"。同性格开朗的人谈话，你可以侃侃而谈；同性格内向的人谈话，就应注意分寸，小心用词。一次，孔子的学生仲由问："听到了，就去干

⊙说话要注重场合和分寸，否则受害的只能是自己。

吗？"孔子说："不能。"又一次，另一个学生冉求又问："听到了，就去干吗？"孔子说："干吧！"公西华在旁听了疑惑，就问孔子："两个人的问题相同，而你的回答却相反。我有点儿糊涂，所以来请教。"孔子说："求也退，故进之；由也兼人，故退之。"意思是说，冉求平时做事好退缩，所以我给他壮胆；仲由好胜，胆大勇为，所以我劝阻他。所以，谈话也要看对方的性格和心理状态。

不同的人在不同的情况下有不同的心态，有时候不会从外部表现上明显地表露出来，这时作为表达者就应当洞察对方的心理。

有一次，某大学几个即将毕业的研究生到某机关去联系毕业分配。接待他们的老局长解释说，机关的许多部门编制有限，个别的可以考虑接收，几个人都来就不好安排，因为名额很少。听了这番话，一位女研究生感叹："有些老家伙早该退休了，老是赖着不走……"这么一说，老局长的脸色变得很难看。老局长年近60，应归属于女研究生说的"老家伙"之列，他也在为离休的事情发愁，听到此话，心情会如何想必不用猜就知道了。

这就是没有注意到对方心理状态而导致说错话的典型例子。

所以，在与别人谈话时，一定要注意场合与分寸，切不可在错误的时间、错误的地点说了错误的话，如果那样往往会事与愿违。

# 学会待人接物

交际越是广泛，越是感到幸福，这就是人类社会的成功。

—— [日本] 福泽渝吉

在青少年朋友的成长过程中，自主能力和社交能力是相辅相成的。

在生活中你会发现，凡是自主能力强的孩子，其社交能力都比较强。

生活在现代社会的人，必须学会待人接物的方法，善于与人礼貌往来。因为和谐的人际关系无疑已成为当今世界人才的重要素质之一。有些青少年因缺乏待人接物的经验，往往在交际中很难有令人满意的表现。

主动参加接待客人的活动，有利于培养青少年朋友的主人翁精神。在参与接待客人的过程中，体会到主人和客人地位的不同，自然会产生一种自豪感和责任感，会比平时更小心，殷勤百倍。也有利于培养青少年朋友礼貌待人的好习惯。要接待好客人，让客人满意，就必须在语言、行为上都讲究礼貌，实际上是给自己提供了礼貌待人的练习机会。而且，能学到一些待人接物的方法。最初，青少年朋友是不会接待客人的，这就需要学习和锻炼。

怎样培养接待客人的能力呢？

### 做好心理准备

在客人尚未到来之前，青少年朋友应该向父母了解，客人什么时间来，谁要来，客人与父母、与自己的关系以及该如何称呼，使自己在心理上做好接待客人的准备。

### 与父母共同做准备工作

青少年朋友可以和父母一起做接待客人的准备工作。如打扫房间，采购糖果等，共同创造一个欢迎客人的气氛。

### 在父母的帮助下接待客人

例如，客人来了，青少年朋友可以在父母的帮助下招呼每一个人，请客人坐，请客人吃糖果。还可以把自己的玩具拿出来给小朋友玩，把自己的相册拿给大家看。

### 学着与客人交谈

青少年朋友应大方地回答客人的问话，在别人讲话时不随便插嘴。如果自己在某一方面有特长，可以主动为客人表演。制造出一种轻松、愉快、热烈的气氛。

待人接物不只体现在招待客人上，而且渗透于青少年朋友生活的方方面面。

每个人都有自己生存的空间，然而在这个空间中又都有相应的规矩，家有家规，校有校规。没有规矩，难以成方圆。青少年朋友要从小就懂得规矩，并遵守规矩。

青少年朋友要明白一些规矩和事理，校规不是束缚我们，而是为了让我们更好地适应有规则和秩序的世界。

当青少年朋友迈入学校时，会有学校的学生守则、考试纪律等。比如说没有考试纪律，学生都作假舞弊，那么，会出现什么样的局面？你应知道遵守规则是每个人都必须去做的。

公园、电影院是公共活动的场所。规则和秩序是社会公共生活中的基本准则。

看电影是人们最普遍的休闲娱乐，虽然看电影的心情可以绝对休闲，但进电影院的公德心却绝对不能缺：入座位时，若座位狭窄，借过时必须面朝座位上的人，并随时轻声地说："对不起！请借过！"通过后记得说："谢谢！"

电影放映中，必须肃静，不可交谈、讨论剧情，妨碍他人观赏；不过，如果你背后的人老是讲话，回头怒视也是很不礼貌的行为，此时最好静静观赏，也可在尽量不影响别人观赏的情况下，再换个适宜的位置。如果不得已，可请电影院经理来解决。

| 公共准则 |
| --- |
| 随时注意告示牌，如不可践踏草皮、不可触摸等 |
| 不可乱丢纸屑，果皮，不可攀折花木 |
| 不可独占公园的椅子，或横躺下来睡觉 |

患感冒、咳嗽等疾病，应避免进入电影院，不仅咳嗽声影响他人，也

可能把感冒细菌传染给他人。

影片放映过程中，不可鼓掌或吹口哨。

温特说："彬彬有礼是高贵的品格中最美丽的花朵。"

培养讲文明、有礼貌的美德是一个循序渐进的过程，不可能在一夜之间就变得彬彬有礼。当发现自己不习惯用敬语时，便应立即加以矫正，直到养成了说敬语的好习惯为止。切不要把许多问题都集中起来，试图突击解决。正确的做法应该是发现一个问题就立即解决。

我们都希望能成为一个有教养的青少年。所以，就要知道我们哪些言行是文明礼貌的，哪些言行是粗鲁无礼的。

法国前总统德斯坦是事事处处讲究礼貌的楷模。接待外宾，不论是来自大国小国，也不论其职位高低，他都以礼相待。

一天夜里，他亲自去机场为一位外宾送行，同行的还有一些常驻法国的外交使节。在返回途中，司机为了让德斯坦早一点休息，而加速行驶。但是，前面的一辆外国使节的车，偏偏由于该使节晕车，而行驶缓慢。

司机暗暗憋气，并烦躁地打算超过那辆外国使节的汽车。德斯坦察觉后立刻制止，说："我们怎么能那样做呢？要有礼貌嘛！我晚回去一点没有什么关系，可不能在别的国家使节面前丢我们法国的脸啊，法国是世界上最讲礼貌的国家。"司机听了十分感动，马上减速行驶。

一个人的修养决定着他的生存方式。有修养的人，不但能受人尊重，而且还能成大器；没修养的人，不但害人害己，还会不得人心。对于青少年来说，尤其在公共场合，更应重视自己的行为举止，学会待人接物。

# 学会倾听

知识使人变得文雅，而交际能使人变得完美。

—— [英国] 福勒

　　知道人为什么只长了一张嘴巴却有两只耳朵吗？那是在告诉人们：要多听听别人在说什么。可青少年朋友常常会忽略这一点，习惯了说，而没有学会倾听。

　　每个人都有一种渴望别人尊重或重视自己的愿望，而受到重视的最基本条件是愿意认真地倾听，所以当你自认为是理解朋友的时候，先得问问自己："我能专心地倾听朋友的话吗？"即使是一些平淡无奇的庸人之语，对说的人来讲，可能也是重要的。

　　愿意倾听别人，就等于表示自己愿意接纳别人，承认和重视别人。如果你能面带微笑，用一种专注而又迫切的眼光看着他，会让人感觉你是欣赏他的。在这种氛围里，对方会充分地展现自己。如果你能善于让别人在你面前有一种强烈的表现欲，那你定能主动、积极地做个好朋友，做个好领导。如果一个职员向你这个经理提建议，即使开始还有点紧张，但你的倾听会使他马上感到放松和自信。倾听是一种无言的信任。

　　善于倾听的人总是善于理解和沟通的。当一个为成功而喜悦的人面对一个微笑着倾听的朋友时，他会感到这位朋友是理解他的，也是为他而高兴的。当一个因失恋而愁眉苦脸的人面对一个表情凝重而专注，耐心倾听的朋友时，他会感到朋友能理解自己的痛苦，虽然朋友没能提出如何重获爱情的好建议，但他已感到自己得到了一点心理依靠。

　　东京电话公司在几年前碰上了一个对电话接线生口吐恶言的用户。那个不讲理的用户拒绝缴付任何费用，说那些费用是无中生有。他写信给报社，到公共服务委员会做了无数次的申诉，告了电话公司好几状。最后，电话公司派一个最干练的调解员去会见他。调解员静静地听着他说，让那位暴怒的用户痛痛快快地把他的不满一股脑地吐了出来，还不断地说："是的。"以表示对他的同情，如此长达 6 小时之久。经过三四次的接触，那位用户变得友善起来了。调查员说："在第一次见面的时候，我甚至没有提出我去找他的原因，第二次、第三次也没有，但是第四次，我把这件事完全解决了。他把所有的账单都付了，而且撤销了那份申诉。"

　　无疑，那位用户实际上所要的是作为一个重要人物的感觉。他先前口出恶言和发牢骚，但当他从电话公司的代表那儿得到了重要人物的感觉后，满腹的牢骚就化为乌有了。

　　善于倾听的人肯定是其他人成功或失败时首先寻找的对象，他们有话会对你说，有苦会向你诉，他们毫无顾忌地向你敞开心扉。日本丰田公司的全体员工平均每人一年要提出 10 条左右的建议——可以肯定丰田公司的经理们个个都是善于倾听的。

　　每个人要做到善于倾听还得注意一些技巧。

## 必须主动积极

　　意思是说对对方的感觉和意见感兴趣，并且积极努力去听，去了解对方，若有不明白的就问清楚。我们经常碰到某一种人，当别人说话时他在想着自己下面要说什么。还有的人则是答非所问，他根本不在听你说。你的话对他只是耳边风，或者甚至是干扰你说话，这样的人当然不会给你留下什么好印象。

## 谈话时反应要冷静

　　一个善于倾听的人，总能控制自己的感情，过于激动，无论对讲话还是对听话的人来说，都会影响效果。

### 要让人家把话说完，尽量控制自己，不要打断对方

有时，谈话并不是一下子就能抓住要领的，应该让对方有时间不慌不忙地把话说完，即使对方为了理清思路，做短暂的停顿，也不要打断他的话，以免影响他的思维。

### 要去体察对方的感觉

一个人感觉到的往往比他的思想更能引导他的行为，愈不注重人感觉的真实面，就愈不会彼此沟通。体察感觉，意思是指将对方的话背后的情感复述出来，表示接受及了解他的感觉，有时会产生相当好的效果。

### 不要匆忙做结论，不要急于评价对方的观点

一个良好的交谈者，应该努力弄懂对方谈话，完全把握他的意思。而如果匆忙下结论，未免过于武断。

### 要关怀、了解和接受对方，鼓励他或帮助他寻求解决问题的途径

这种态度若是真诚不带虚假，定能奏效。

### 要全神贯注地听，不要做小动作，不要走神

别人说话时，如果你不时朝窗外观看来回行驶的汽车，或低头只顾自己修剪指甲，或面露不耐烦的表情，这些都是不礼貌的，都会使对方对你产生反感。

### 不必介意别人讲话的特点

有些人说话时爱眨眼睛，有些人说话时爱带口头禅，有些人说话

| 倾听的技巧 |
| --- |
| 眼睛注视说话的人 |
| 做出反应，参加他们的"活动" |
| 如果你同意，就说出来 |
| 要从头听到尾 |

时爱手舞足蹈。对此，你不必介意，更不要分散自己的注意力。你应该将注意力放在对方谈话的内容上，尽可能从对方的谈话中吸取信息，丰富自己的知识和经验。

## 要注意反馈

倾听别人的谈话要注意信息反馈，及时查证自己是否了解对方。你不妨这样说："不知我是否已经了解了你的话，你的意思是不是……"一旦确定了你对他的了解，就要进入积极实际的帮助和建议。

## 要抓住主要意思，不要被个别枝节所吸引

善于倾听的人总是注意分析哪些内容是主要的，哪些是次要的，以便抓住事实背后的主要意思，避免造成误解。

## 要使思考的速度与谈话相适应

思考的速度通常比讲话的速度快两三倍，因此我们在倾听时大脑要抓紧工作，勤于思考分析。如果别人在谈话时，你心不在焉，不动脑筋，别人说话的内容又记不住，不得不重复再谈，那显然是事倍功半。

## 不要总想占主导地位，好像自己无所不晓，只有自己才能给别人以启发

自以为是的人，往往最不会倾听别人谈话，也不会受到别人的欢迎和喜爱。

倾听是一般人最容易忽略的一项美德，也是善待他人的一种方式。在青少年朋友接受学校教育的整个过程中，被教导怎样阅读、写作和表达，唯独没有人教导自己应该怎样去倾听。那么，赶快在日常的生

活中补上这一课吧。

# 学会赞美别人

> 赞扬，像黄金钻石，只因稀少而有价值。
>
> —— [英国] 塞缪尔·约翰逊

每个人都需要赞美，赞美有着令人意想不到的神奇力量。

英国首相丘吉尔曾说过一句话："要人家有怎么样的优点，就怎么赞美他！"这说明赞美具有展现潜能的效果。因你的一句赞美，他（她）坚持到底；因你的一句赞美，他（她）走出低谷；因你的一句赞美，他（她）肯定自我；因你的一句赞美，他（她）终于能披荆斩棘，迈向成功……

这些，都是赞美的力量。

赞美是一小笔投资，只需片刻的思索就能得到意想不到的报酬。这话有些道理，但似乎又有太多的实用主义的味道。赞美不应该仅仅为了报酬，它应该是沟通情感，表示理解的方式，如同微笑一样，也是照在人们心灵上的阳光。

莎士比亚说过："我们得到的赞扬就是我们的工薪。"从这个意义上说，每个人都是别人"工薪"的支付者。杰出人士总是慷慨地把这笔"工薪"支付给应得的人。

赞美之所以对人的行为能产生深刻影响，是因为它满足了人的较高层次的需要。一般说来，高层次的需求是不易满足的，而赞美的话语，部分地给予了满足。这是一种有效的内在性激励，可以激发和保持行动的主动性和积极性。

每一个懂得赞美艺术的人都会意识到赞美对于给予者和接受者而言会有同样的快乐，就如同一个画家或者是一个音乐家以为别人创造美感作为自己的快乐一样。赞美也给人以温暖，让这个缤纷多彩的世界充满了另一种美妙的音乐。

有一回，王先生的同事参加一次会议，并提了报告。王先生和他不属于同一部门，但也参加了这项会议。

这位同事的报告寻常无奇，现场也没得到任何掌声，散会后，王先生和这位同事在厕所相遇，王先生说："你刚才的报告很好，简明扼要，我很欣赏！"

这位同事本来就不指望他的报告得到谁的注意，但王先生的几句话，却让他心情愉快了一天。

王先生常对别的同事表示他的"欣赏"。碰到男孩子穿了新衣服，他会不经意地说："哦，帅哦！"碰到女孩子换了新发型，他也会故意

## 怎 样 赞 美 别 人

| | |
|---|---|
| 了解别人引以为荣的事 | 夸别人的长处永远不会错 |
| 了解对方的弱点 | 从弱点的对立面去赞美 |
| 了解对方的爱好 | 1. 虚心请教是最高超的赞美<br>2. 把自己变成外行 |
| 从小事上赞美 | 小事容易被忽略 |
| 间接赞美 | 1. 借别人之口<br>2. 赞美有关系的人 |

睁大眼睛说："原来是你，我以为是哪个美人来了！"

不管他的"欣赏"是真心还是客气，但有一点可以肯定，就是每个人听了他的"欣赏"，都会笑逐颜开。

青少年朋友在赞美别人时如不审时度势，即使你是真诚的，也会将好事变成坏事，所以，开口前青少年朋友一定要掌握一些技巧。

## 把握时机，适时赞美

对于自已周围人身上值得被赞美的特点，尽可能随时随地去发现，然后抓住，及时反馈。将自己所关注的某个人的某个动作、某句话或者所做的某件事情，记在心中，然后寻找最合适的机会和场合进行赞美。

这需要深入了解对方的兴趣爱好、优点、人品、成就等，这样在赞美他人时才不会无话可说，或者只能泛泛而言，达不到理想的赞美效果。

1971 年，周恩来在接见对华访问团中的美国代表时，他的一番很有针对性的赞赏便很经典。

周恩来微笑着握住基辛格的手，友好地说："这是中美两国高级官员二十几年来第一次握手。"当基辛格把自己的随员一一介绍给周恩来时，他的赞美更是出乎他们意料之外。他握住霍尔德里奇的手说："我知道，你会讲北京话，还会讲广东话。广东话连我都讲不好。你在香港学的吧！"握着斯迈泽的手说："我读过你在《外交季刊》上发表的关于日本的论文，希望你也写一篇关于中国的。"周恩来握着洛德的手摇晃："小伙子，好年轻，我们该是半个亲戚，我知道你的妻子是中国人，在写小说。我愿意读到她的书，欢迎她回来访问。"

这样技巧高超的赞美，难怪会征服了美国人的心。

### 用词考究，适度赞美

赞美的误区是夸张与肉麻，赞美目的的误区是阿谀奉承。效果良好的赞美往往来得含蓄而让人觉得有分量，这样的赞誉之词更加让人迷醉。

真诚的赞美是应该有所保留的。几何学中，线段有一个黄金分割点。赞美也一样，也有这样的一个界限。

尼采临死之前自称是永不落的太阳，他过高地赞美了自己。结果，他疯了。赞美如果往前跨一步，也可能会变成溜须拍马的伎俩。适度的赞美，会让人觉得心情舒畅，而超过了限度的赞美则会使人感到尴尬，甚至是厌恶。所以，青少年朋友在赞美别人时，一定要较为合理地把握好尺度。

唯有真诚最动人。青少年朋友，在赞美他人时请不要为赞美而赞美。要情真意切、合乎时宜、适可而止。不仅要"锦上添花"，更应力求做到"雪中送炭"，让别人实实在在地感受到你的关爱与欣赏，你的赞美才会产生人际魔力。

# 集体活动为你提供更多与人交流的机会

智者的坚定不过是把焦虑深藏于心的艺术。

—— [法国]拉罗什富科

为了使自己能够和他人更好地交流、相处，青少年朋友还需要学习更多的交往技能。集体活动为青少年朋友提供了更多与人交流的机会，许多性格和能力要在集体生活和游戏中才能养成，如团结、大方、礼貌、遵纪、自尊自爱、竞争意识、牺牲精神、合作意识、组织协调能力、集体观念和服从精神等。这些品质和能力是集体之外的活动所不能培养的，却又是一个高素质人才要具备的。

## 学会爱集体

一要多为集体做好事。例如，在学校主动打扫卫生、为朋友打开水、帮老师擦黑板等。

二要遵守集体规则，维护集体荣誉。要知道自己是集体中的一员，应该为集体争光。如轮到自己做值日生这天，要早点到学校去，不要迟到。

三要积极参加班级活动。集体因为每一个人的存在才成为了一个有机整体。集体活动中缺少了谁，这个有机体都是不完整的。参加一次班级篮球赛，在赛场上学习团结与合作；参加一次班级春游，你会发现有了同伴的陪伴春天会更加灿烂；参加一次班级合唱团，你能知道你所在的那个音阶对整首曲子来说是多么重要。这些，都是你一个人玩球、一个人爬山、一个人唱歌时体会不到的，而是从集体活动中获得的。

## 参加社区的服务

美国许多中学都要求学生们参加社区服务，否则不能毕业。现在，美国国立和私立中学中，超过 30%的学校已经这么做或正准备这么做。参加服务的时间要求不一。在我国，尽管有些社会团体搞了一些社区服务活动，但是大多数青少年并没有定期参加类似的帮助老弱病残者的活动，因而就没有亲身体会，也不懂得其真正的含义。也许父母不断地把这些思想灌输给青少年朋友，但是，只有亲身经历过了，自己才能真正受到影响。

那么，就立刻行动起来吧。

现在，许多学校都设有"青少年志愿服务团"，参加到这些团体中来，你就会有更多的机会投身到社区的服务中。如到养老院中去看望孤寡老人，陪他们聊聊天，用一份童真带给老人一份快乐和安详；大家组织起来将路边的长椅擦干净，看着行人坐在干净的长椅上休息时，你会感受到合作的乐趣和成就感。

在这些团体中，你会渐渐培养自己的组织协调能力、语言表达能力、团结合作能力，并磨炼出坚强的意志和良好的为人处世技巧，而这些恰恰是以后的人生道路上所需要的。

# 乐于接受别人的忠告

> 如果自尊而轻人，自信而自满，即是对自己关门，不向外面吸取可贵的精神食粮，也即是对朋友们关门，拒绝朋友们批评和贡献意见。
>
> ——[中国]徐特立

人非圣贤，孰能无过？每个人的性格，或在待人处世方面，总难免有一时疏忽或是不曾发觉的死角。若在此时，有人提醒你的缺点，你应衷心感激。所谓朋友之道，贵在劝导忠告。"忠告如雪，下得越静越长留心田，也越深入心田"。忠告是别人送给你最丰富的礼物。

"良药苦口利于病，忠言逆耳利于行"，"人受谏，则圣；木受绳，则直；金受砺，则利。"然而现代社会，能够直言不讳地指责他人缺点者已日渐减少。无论是你的朋友、长辈或同学，大都不愿意冒着使别人恼恨的危险去忠告别人，而都抱着独善其身的态度漠视一切。如果人人皆能诚恳、虚心地接受别人的忠告，而且人人都期待他人的忠告，则这种现象又怎么会出现呢？平心而论，真正能够苦口婆心地劝告你，指责你的人是谁呢？不外是父母、师长、兄弟、姊妹、朋友等。他们的目的无非是希望你在人际关系上更圆满，在事业上更成功。但是，忠言逆耳，大多数人对于忠告总是有一种逆反心理，从而导致原有的密切关系破裂。在某种程度上说，忠告确是一件危险的事情。如在这种情况下仍有不顾后果提出忠告者，一定是对你怀有深厚感情之人。一个从来不曾受到他人忠告的人，看似完美无缺，实际上可以说他是一个毫无良好人际关系的真正孤独者。

由此看来，受到忠告正说明你周围有人在关心你。"不闻大论，则智不弘。不听至言，则心不固"（《申鉴》，汉·荀悦）。但是，若接受忠告时的态度不够坦然，也会使你的朋友弃你而去。从另一个角度来说，忠告者也能从你的态度中得知你是一个坦诚的人，还是个骄傲自大、冥顽不化的人，进而影响对你整个人格的评价。一个谦虚上进、追求完美的人，一定是个能够接受任何善意建议的人。如此，即使是与你只有点头之交的人，也将乐于对你提出忠告。

具体而论，接受别人的忠告，应把握以下几点。

### 要"照单全收"

忠告必须"照单全收"，至于正确与否，事后再慎加选择，切莫拒绝，更不能当场轻下诺言。很多人都会受到忠告，只有真正有智慧的人才能从中得到裨益。

### 诚恳地道歉

"啊！是我疏忽了，十分抱歉，今后一定改进。""对不起，这是我的错，请你原谅。"如能诚心地道歉，对方一定能原谅。

### 不逃避责任

别人忠告你时，如果你用"但是"、"不过"、"因为"等诸如此类的词语一味地辩解，或急欲掩饰过错、保护自己，只会使你的过失更加严重，使存在的问题变得更加复杂，难于寻找正确的解决之道。

### 不强词夺理

有些青少年在犯错误之后，受到长辈的忠告，非但不思悔改，反而理直气壮地陈述自己的不正确的理由，说什么"你也曾年轻过呀！难道你年轻时就那么十全十美，从没犯过错误吗"？如此的态度将使长辈

甩袖而去，再也不管你的事了。这对自己有害无益，而且将会阻碍你人格
的发展。

## 不自我宽恕

许多人遭到失败时，总是找许多理由、借口来宽恕自己，认为自
己并非能力不高，而是时运不济。如持这种态度，则最终必将无法克
服自己的缺点，而使自己更显孤独。对于别人的忠告不要漠然置之，
而是表现出乐于坦诚接受的态度。

## 对事不对人

对于别人的忠告，应仔细反省其所指责的事物，而绝不应该耿耿于
怀。敞开胸怀接受批评，彻底反省、思过、改进，接受忠告并善加运用，
使他人的忠告成为自我成长的动力，这才是一个明智之人应持的正确处
世态度。

青少年朋友在待人处世方面不够成熟，会出现许多失误或纰漏，
这时有人提出逆耳忠言，该是一件值得庆幸的事情。对于他人的善意
提醒与忠告，你应该"洗耳恭听"，也许那是一句有益终生的忠告。

# 本领十四：控制自己的行为和情绪

## ——管住自己，才能驾驭世界

 **哈佛告诉你**

当情绪出现波动时，最有力的支持来自于你自己。自制力是日常行为的一把保险锁，它要求你以理智来平衡自己的情绪，接受理性的指引，先"谋定而后动"，管住自己的情绪和言谈举止。

## 要想打败他，就先激怒他

哪怕对自己的一点小小的克制，也会使人变得强大而有力。
——［俄罗斯］高尔基

俗话说："要想打败他，就先激怒他。"

激怒他，那不是挑起他的斗性，替自己带来麻烦吗？怎么还说能够打败他呢？

此问有理，然而挑起他的斗性正是激怒他的目的之一。本来他是不打算同你斗的，但你挑起了他的斗性，你便有了对手，有了对手，不管斗上多久，总会有个结果，而麻烦当然是"副产品"，但如果能"消灭"他，这麻烦便不算什么了。

那么，激怒他，就真的能"消灭"他吗？

如果是有计划的，谋定而后动的激怒，那么"消灭"对方的可能性就很高，因为对方的反应都已在你的掌握之中，而对方在被你激怒之后，常会因失去理智而做出错误的判断和决定，你甚至可以不动声色，便使他处于不利的境地。

说这么多，并不是要你去激怒别人，以达到你的目的，事实上，要激怒别人，还得有"两把刷子"才行，费心筹谋，多辛苦。但是，你不去激怒别人，别人却有可能为种种目的来激怒你，你若不察、不慎，便会掉入别人为你设计的情绪圈套当中。

一般来说，别人激怒你的方式有两种。

第一种是在言语上激怒你，譬如，讽刺你、笑你、挖苦你，或指桑骂槐、无中生有、含沙射影……

第二种是在工作上惹怒你，譬如，故意为难你，左一句"太难配合"，右一句"可行性不高"……

如果对方有心激怒你，你明知他是故意的，却也只有忍下来，不动声色，不要去理会他的言语，若要反驳，也要笑着反驳，轻柔地说明；他在工作上对你为难，也要平心静气地，一而再，再而三地请求，或央求同事朋友帮忙，他姿态低，你的姿态要更低！

心理学家指出，愤怒是当某人在事与愿违时做出的一种惰性反应。它的形式有勃然大怒、敌意情绪、乱摔东西，以及怒目而视、沉默不语。它不仅仅是厌烦或生气，它的核心是惰性。愤怒使人陷入惰性，其起因往往是不切实际地期望外在世界要与自己的意愿相吻合。当事与愿违时，便会怒不可遏。

愤怒既是你做出的选择，又是一种习惯。它是你经历挫折的一种后天性反应。你以自己所不欣赏的方式消极地对待与你的愿望不相一致的现实。事实上，极端愤怒是一种精神错乱——每当你不能控制自己的情绪时，你便有些精神错乱。因此，每当你气得失去自制时，你便暂时处于精神错乱状态。

诸葛亮七擒七纵孟获之战中，孟获败给诸葛亮，除去其他各种原因，孟获生性爽直、缺乏脑筋、受情绪影响也当是一个重要的因素。孟获是一个深为情绪役使的人，他不能胜诸葛亮，"非命也，实人力和心智不及也"。诸葛亮大军压境，孟获夜郎自大，不思智谋应对，反以帝王自居，小视对手，结果一战即败，被对方擒获。孟获一战既败，应该坐下慎思，再出兵应对，却自认一时晦气，再战必胜。再战，当然又是一败涂地。如此几番，把孟获气得浑身颤抖。又一次对阵，只见诸葛亮远远地坐着，摇着羽扇，身边并无军士战将，只有些文臣谋士之类。孟获不假思索，便纵马飞身上前，欲直取诸葛亮首级。诸葛亮的首级并非轻易可取，其身前有个陷马坑，结果，孟获眼看将触及诸葛亮时，却连人带马坠入陷阱之中，又被诸葛亮生擒。

在现实生活中，你也千万不要被别人激怒，你一怒，大家都会看你而不看着激怒你的人，大家只看到你丧失理性的怒火，而没看到他的伎俩，于是，本来你是无辜的，怒火一烧，你也变得理亏了。如果你不易控制自己的情绪，怒火可能让你说很多不该说的话，做很多不该做的事，也给别人留下很多把柄，他分毫未损，而你已遍体鳞伤，甚至由此一蹶不振！

所以，不管在什么情况下，千万别被激怒。有镇定自若的心情，那么激

◎要打败他，首先要激怒他。

怒你的动作自然会消失于无形，而且，以后再也不会有人来激怒你。

唐代大诗人白居易说："孔子之忍饥，颜子之忍贫，闵子之忍寒，淮阴之忍辱，张公之忍居，娄公之忍侮；古之为圣为贤，建功树业，立身处世，未有不得力于忍也。凡遇不顺之境者其法诸。"

所以，学会忍耐是很重要的。

但是，忍耐并不是一味地迁就、退让，而是应该将忍耐作为一种谋略，"小不忍，则乱大谋"是指忍的原则，"一忍可以抵百勇，一静可以制百动"是指忍的效果。

如果不忍，被对方的过分言行所激怒，就真的落入对方的圈套中了。你一怒，就会偏离理性的轨道；你一怒，就会有许多不合时宜的言行出现；你一怒，就暴露了自己的弱项，成为他人的把柄。所以，切记不要被别人激怒，忍耐对自己也是一种保护。

# 自制力是日常行为的一把保险锁

反省是一面莹澈的镜子，它可以照见心灵上的污垢。

—— [俄罗斯] 高尔基

自制是对社会规范有明确认识，并自觉地调节和控制自己行为的品质。

自制力强的人，能够理智地对待周围发生的事件，有意识地控制自己的思想感情，约束自己的行为，成为驾驭现实的主人。

自制是日常行为的一把保险锁，它要求青少年朋友以理性来平衡自己的情绪，接受理性的指引，先"谋定而后动"，管住自己的言行和举止，而后引导所有积蓄的力量流入成功的海洋。

相反，如果一个人缺乏自制力，总是让自己的情绪主导着一切，口无遮拦，行无规矩，随心所欲，没有规划，也不会有目标。那样的话，要么他所有的努力如同脱缰野马，根本控制不了，也达不到既定的目标；要么他的行为与环境格格不入，最终也达不到成功的彼岸。

东汉末年，杨修以才思敏捷、颖悟过人而闻名于世，他在曹操的丞相府担任主簿，为曹操掌管文书事务。曹操为人诡谲，自视甚高，因而常常爱卖弄些小聪明，以刁难部下为乐。不过，杨修的机灵、颖悟又高过曹操，致使曹操常常生出许多自愧不如的感慨和酸溜溜的妒意。

建安十九年春，曹操亲率大军进驻陕西阳平，与刘备争夺汉中之地。刘军防守严密，无懈可击，又逢连绵春雨，曹军出战不利。曹操见军事上毫无进展，颇有退兵的意思。

这天，曹操独自一人吃着饭，同时也在思考下一步的行动。一个军令官前来请示曹操，当晚军中用什么口令。军中规定每晚都要变换口令，以备哨兵盘查来人。此时，曹操正用筷子夹着一块鸡肋骨，于是脱口而出："鸡肋。"军令官听了也觉没有什么奇怪。

消息传到杨修耳里，他便整理笔札、行装，做离开的准备。一个年轻的文书见状后问道："杨主簿，这天天要用的东西，有什么好收拾的？明天还不是要打开？"

"不用了，小兄弟，我们马上就可以回家了。"杨修诡秘地一笑说。

"什么？要回家了？丞相要撤退，连点蛛丝马迹也没有啊。"小文书不解地看着杨修。

杨修淡然一笑说："有啊，只是你没有察觉到罢了。你看，丞相用'鸡肋'做军中口令，'鸡肋'的含义不就是'食之无肉，弃之可惜'吗？丞相正是用它来比喻我军现在的处境。凭我的直觉，丞相已考虑好撤军的事了。"

消息又传到夏侯惇那里，夏侯惇听了也觉得有理，便下令三军整理行装。当晚，曹操出来巡营时一见，大吃一惊，急令夏侯惇来查问，夏侯惇哪敢隐瞒，照实把杨修的猜度告诉了曹操。对杨修的过分机灵早已不快的曹操，这下子抓到了把柄，立即以惑乱军心的罪名，把杨修杀了。

后来的事实证明，曹操虽杀了杨修，终于还是下令退兵。然而，就杨修而言，他早晚必死无疑。因为他几次三番地恃才傲物，逞口舌之快，不能在曹操面前收敛自己。他总是把小聪明用在一些无用的小事上面，不顾忌上下尊卑，随心所欲地言行。

正是因为他不能够控制自己的言行，才招来了杀身之祸。

自制力薄弱的人遇事不冷静，不能控制激情和冲动；处理问题不顾后果，任性、冒失。这种人易被诱因干扰而动摇，或惊慌失措。而这些人在青少年群体中比较集中。

当全国上下的"减负"运动开展之后，青少年有了充裕的课外活动时间。但同时面临这样一个问题：放学回家以后，家长不在身边，也没有老师和同学监督，如何才能合理安排这一段"自由"时间呢？青少年的自制力在外界强大的诱惑面前往往变得不堪一击。

自制力是一种克制或节制，自我约束是一种美德，是文明战胜野蛮、理智战胜情感、智慧战胜愚昧的表现。

自制力能使生活之路变得平坦，还能开辟出许多新道路，如果没有这种自制力，就不能有所创新。在政治上，春风得意的人并非因为天赋非凡，而是因为性情的非凡才使他获得成功。如果我们没有自我控制的能力，就会缺乏忍耐精神，既不能管理自己，也不能驾驭别人。

自我控制的能力是高贵品格的主要特征之一。能镇定且平静地注视一个人的眼睛，甚至在被别人极端挑衅的情况下也不会有一丁点的脾气，这会让人产生一种其他东西所无法给予的力量。人们会感觉到，你总是自己的主人，你随时随地都能控制自己的思想和行动，这会给你品格的全面塑造带来一种尊严感和力量感，这种东西有助于品格的全面完善，而这是其他任何事物所做不到的。

在某国的特种部队，流传着这样一个故事。

一个间谍被敌军捉住以后，他立刻装聋作哑。任凭对方用怎样的方法诱问他，他都绝不为威胁、诱骗的话语所动。最后，审问的人也许故意和气地对他说："好吧，看起来我从你这里问不出任何东西，你可以走了。"这个间谍会怎样做呢？他会立刻带着微笑，转身走开吗？不会的！没有经验的间谍才会那样做。要是他真是这样做，他的自制力是不够的，因为只要他一跨步，意味着已经暴露他的身份，死亡的危险马上就会降临。有经验的间谍会依旧毫无知觉似的呆立着不动，仿佛他对于那个审问者的命令，完全不曾听懂似的，这样他就胜利了。审问者原是想以释放他，给他自由的方式，来观察他的聋哑是否是真实的。一个人在获得自由的时候，常常会制止不住心灵上的动静。但那个间谍听了依然毫无动静，仿佛审问还在进行，审问者的确相信他确是个残疾人，说："这个人如果不是聋哑的残疾者，那一定是个疯子了！放他出去吧！"就这样，这名有经验的间谍，以他特有的自制力，使自己免遭一劫。

由此可见，自制力是多么重要。如果青少年朋友想为人生的画卷描绘美丽的图案，则有必要学会在大小事上进行自我控制。你必须学会容忍和控制，感情必须服从于理性判断。你必须尽量避免坏的心情、坏的毛病、骄傲狂妄的心态等。这样，成功的钥匙才有可能掌握在你自己手中。

# 学会忍耐，不骄不躁

以人为鉴，明白非常，是使人能够反省的妙法。

——[中国]鲁迅

随着时间的推移，青少年朋友会经历越来越多的事情，有许多事会让你感到兴奋、喜悦，也会有许多事令你感到沮丧，甚至愤怒。这时你需要表达自己的情绪。但是千万要记住表达情绪一定要分清场合。在参加一个朋友的葬礼前，你得到一个关于自己的好消息，但是你就不能在参加葬礼的时候表现出来，否则就会招来死者亲友的反感，认为你对死者不恭；同样你在参加一个朋友婚礼的时候，即使再有悲痛的事情，你也不能在婚礼上号啕大哭。"乐而不淫，哀而不伤"历来被看作是自我情绪控制的至高境界。控制情绪的能力有几种不同的层次，通过一位禅师启发妇人的故事，就可以了解这些不同的层次。

古时候有一个妇人，特别喜欢为一些琐碎的小事生气。她也知道自己这样不好，便去求一位高僧为自己谈禅说道，开阔心胸。高僧听了她的讲述，一言不发地把她领到一座禅房中，落锁而去。

妇人气得跳脚大骂。骂了许久，高僧也不理会。妇人又开始哀求，高僧仍置若罔闻。妇人终于沉默了。高僧来到门外，问她："你还生气吗？"

妇人说："我只为我自己生气，我怎么会到这地方来受这份罪。"

"连自己都不原谅的人怎么能心如止水？"高僧拂袖而去。

过了一会儿，高僧又问她："还生气吗？"

"不生气了。"妇人说。

"为什么？"

"气也没有办法呀！"

"你的气并未消逝，还压在心里，爆发后将会更加剧烈。"高僧又离开了。

高僧第三次来到门前，妇人告诉他："我不生气了，因为不值得气。"

"还知道值不值得，可见心中还有衡量，还是有气根。"高僧笑道。

当高僧的身影迎着夕阳立在门外时，妇人问高僧："大师，什么是气？"

高僧将手中的茶水倾洒于地。妇人视之良久，顿悟。叩谢而去。

高僧用禅理告诉人们什么是"气"，为何要"怒"。"气"便是不加控制的情绪，是那种别人吐出而自己却接到口里的东西。吞下便会反胃，不看它时，它便会消散了。"气"是用别人的过错来惩罚自己的蠢行。

愤怒也是如此。

愤怒是一种很难控制的情绪，正因为难以控制，所以很容易酿成大祸，甚至丢掉性命。正如培根所说："愤怒，就像地雷，碰到任何东西都会一同毁灭。"莎士比亚说："不要因为你的敌人燃起一把火，你就把自己烧死。"还是让我们以平和的心境来对待生活中繁杂的事情吧！小心别伤害了自己，只有平静才是生活的真谛。当你的感情控制了理智时，你将成为感情的奴隶；当你战胜自己的感情时，才证明你是主宰命运的人。唯此，你才能真正获得自由。

如果你不注意培养自己忍耐、心平气和的性情，不注意培养交往中必需的情商，遇到一丝火星就暴跳如雷，情绪失控，就会把你最好的人缘全都炸掉。

在所有不愉快的情绪中，愤怒是最难摆脱、最不容易控制的，也是最具诱惑性的负面情绪。因为人在发怒时，易于失去理智，让人觉得不可理喻，从而容易破坏良好的人际关系。对于领导者而言，盛怒之下容易造成决策的失误。三国时期，蜀国大将关羽被东吴杀害，刘备悲愤交加，不听诸葛亮的劝阻，怒而兴兵伐吴，为关羽报仇，结果被吴将陆逊以火攻之，火烧连营四十里，惨遭失败。

《圣经》中的箴言告诉人们：不轻易发怒的人，大有聪明；性情暴躁的，大显愚妄。

研究表明，最后失去控制、大发雷霆的人，通常都经历了连续的累积情绪过程。每一个拒绝、侮辱或无礼的举止，都会给人遗留下激发愤怒的残留物。

这些残留物不断地积淀，急躁状态会不断上升，直到失去"最后一根稻草"，个人对情绪的控制完全丧失，出现勃然大怒为止。在这个过程中，除非内心控制的大门能快速地关上，否则，这种狂怒极易造成暴力和伤害。

人的愤怒情绪，从轻微的烦躁不安，到严重的咆哮发怒，乱摔东西，甚至丧失理智。久而久之，成为一种习惯反应，变成侵袭人际关系的"癌症"。

心理学认为，生气是一种不良情绪，是消极的心境，它会使人闷闷不乐，低沉阴郁，从而阻碍情感交流，导致内疚与沮丧。

有关医学资料认为，愤怒会导致高血压、胃溃疡、失眠等。据统计，情绪低落、容易生气的人，患癌症和神经衰弱的可能性要比正常人大。可见愤怒对人的身心有百害而无一利。

愤怒对人的身心发展都没有好处。愤怒行为会伤害他人，也会伤害自己。青少年朋友必须学会用理智来思考问题，用理性来控制愤怒的情绪，这要求你学会忍耐。

# 没有人会为你的坏脾气"买单"

有了自制力，就不会向人翻脸，或暴露出足以引起不幸的弱点来。
——［美国］莱特

有一个爱发脾气的男孩，他父亲给了他一袋钉子，并且告诉他，每当他发怒的时候，就钉一颗钉子在后院的围栏上。男孩很快就钉下了 37 根钉子。后来，男孩每天钉的钉子减少了，他发现控制自己的脾气要比钉钉子容易。

终于有一天，这个男孩觉得自己再也不会失去耐性，乱发脾气了。

父亲又告诉他说，从现在开始，每当他能控制自己的脾气的时候，就拔出一根钉子。一天天过去，最后男孩告诉他的父亲，他终于把所有钉子给拔出来了。

父亲握着他的手，来到后院说："你做得很好，我的好孩子！但是看看那些围栏上的洞，这些围栏将永远不能恢复到从前的样子。你生气的时候说的话，就像这些钉子一样会给别人留下疤痕。如果你捅了别人一刀，不管你说了多少次对不起，那个伤口将永远存在。"

这个故事告诉青少年朋友，你的坏脾气会伤害到你身边的人，尽管有一天你不再发脾气了，但可怕的记忆仍然存在于人们的脑海中，留下了抹不去的伤痛。而你，可能因为自己的坏脾气而失去亲人和朋友。他们将离你而去，因为没有人愿意为你的坏脾气"买单"。

据报载，某天上班的高峰期，某男子开车去上班，由于车流量较大，眼看就要迟到。车龙好不容易向前移动了一点，可前面的司机偏偏像睡着了一样，丝毫不动弹。男子开始冒火了，拼命地按喇叭，可前面的司机依然不为所动。男子看起来气极了，他握住方向盘的手开始发白，仿佛紧紧地卡住前面司机的脖子，额头开始冒汗，心跳加快，满脸怒容。真想冲上去把那个司机从车里扔出来！

他简直无法控制自己了，车还是停滞不前，他冲上前去，猛敲车门，结果前车司机也不甘示弱，打开车门，冲了出来。就这样，一场恶斗在大街上开始了，结果男子打碎了那个人的鼻梁骨，犯了故意伤人罪。等待他的将是法律的严惩。这都是坏脾气惹的祸。

发脾气并不能使现有的问题得到解决，反而会使事情变得更糟。

事实上，愤怒的情绪是可以进行疏导的。

研究表明，对刺激物的控制能力在很大程度上影响一个人。愤怒

| 自我冷静 |
| 认清发怒的原因 |
| 下决心克服发怒的反应 |
| 集中精神，深呼吸 |
| 按部就班，思虑解决问题的方案 |

对于人的情绪具有巨大的刺激性，但是，愤怒可以被有效地控制。

一般来说，愤怒基于责备。一旦陷入责备的对抗中，愤怒就会接踵而至，就像黑夜紧随白天那样自然。为了避免陷入这一困境中，唯一可能的是为它找到一条建设性的出路，而这出路只有运用情绪智力才能实现。

发怒是由内心的愤怒所产生，一个心智健全的人，绝不会无缘无

故地发怒，发怒总有原因和针对性。这个原因在别人眼里可能只是无关痛痒的小事情，但是在易怒者眼中却是不可忍受的导火索。富兰克林曾说过："任何人生气都是有理由的，但很少有令人信服的理由。"所以要控制愤怒，必须提高自己对外界刺激的耐受力。

首先，对自己以往的行为进行一番回忆评价，看看自己过去的发怒是否有道理。

一个老板对下属发火，原因是下属工作失误。这位下属不敢对老板生气，回来对妻子乱发脾气。妻子没法，只好对儿子发脾气，儿子对猫发脾气。这一连串的行动中，只有老板对下属发脾气是有些缘由的，其他则都是无中生有。所以，在发怒之前，你最好分析一下，发怒的对象和理由是否合适，方法是否适当，你发怒的次数就会减少 90%。

其次，要低估外因的伤害性。生活中你可以观察到，易上火的人对鸡毛蒜皮的小事都很在意，别人不经意的一句话，他会耿耿于怀。过后，他又会把事情尽量往坏处想，结果，越想越气，终至怒发冲冠。

制怒的技巧是，当怒火中烧时，立即放松自己，命令自己把激怒的情境"看淡看轻"，避免正面冲突。当怒气稍降时，对先前的激怒情境进行客观评价，看看自己到底有没有责任，恼怒有没有必要。

莎士比亚笔下的奥赛罗听信小人谗言，怒发冲冠，回到家中不问青红皂白，把爱妻一剑送上黄泉。及至觉悟，已为时晚矣。痛不欲生的奥赛罗也自尽身亡。如果当时奥赛罗冷静下来，做一个理智的评估，就不会做出那样的傻事了。

怒气似乎是一种能量，如果不加控制，它会泛滥成灾；如果稍加控制，它的破坏性就会大减；如果合理控制，甚至可能有所创益。

日本老板想出奇招，专辟房间，摆上几具以公司老板形象制作的橡皮人，有怒气的职工可随时进去对"橡皮老板"大打一通，揍过以后，职工的怒气也就消减了大半。如果你平时生气了，出去参加一次剧烈的运动，看一场电影娱乐一下，出去散散步，这些与痛揍"橡皮老板"有异曲同工之妙。

每个人的情绪都是在时刻变化的，今天的心情与昨日的不同，明天的又与今日相异。如果将自己的情绪按照高低绘成曲线图，会发现情绪也有波峰波谷，如果时间长了，就会看到每隔一段时间情绪波的变化会重复一次，这就是总的情绪状态。情绪出现波动是正常的，但频繁的、强烈的波动却相对较少，青少年朋友要尽量把自己的情绪控制在一个相对稳定的状态。

人们时刻都要管理好自己的情绪，尤其是在人生的一些关键时刻。每次要发脾气前，先冷静地问问自己：别人不会为我的坏脾气买单，我自己可以吗？如果你自己也不想这么做，还是收起你的怒气吧。

# 冲动误大事

> 愤怒而不冷静，是人类毁灭自己的利器。
>
> ——[法国]罗曼·罗兰

有一句话叫作"冲动是魔鬼"，实际上"冲动甚于魔鬼"。书中、电影中、生活中，有多少人都是因为一时冲动而犯下了大错，耽误了大事。

有一对年轻人婚后生了一个小孩，太太因难产而死，只留下丈夫和孩子两个人。

父亲既要挣钱养家维持生活，又要照顾家，因为没有人帮忙照看孩子，他就训练了一只狗。那狗聪明听话，能照顾小孩，它会咬着奶瓶喂奶给孩子喝，还会陪他玩，逗他开心。主人对狗非常放心。

有一天，主人出门去了，叫它照顾孩子。

他到了另外一个乡村，遇到了大雪，当日不能回来。第二天才赶回家，狗立即闻声出来迎接主人。他把房门打开一看，惊呆了。屋里到处是血，抬头一望，床上也是血，孩子不见了，狗在身边，满口也是血。主人发现这种情形，以为狗的野性发作，把孩子吃掉了，大怒之下，拿起刀来向着狗头一劈，把狗杀死了。

之后，主人忽然听到孩子的声音，又见孩子从床下爬了出来，他赶忙抱起孩子，看了看孩子，虽然身上有血，但并未受伤。

他很奇怪，不知究竟是怎么一回事，再看看狗的尸体：腿上的肉没有了。他又发现一只狼口里还咬着狗的肉。狗与狼搏斗，救了小主人，却被主人误杀了。

狗主人一定后悔自己的冲动，错杀了自己最忠实的伙伴。我们是不是也时常有这种情况：遇事总是按照自己的主观想法去判断，而不是去了解、去分析事情的真实情况，做出了很多无法挽回的错误决定。

还有一个故事，主人公白雪因为一时的冲动，走出了令她终身悔恨的一步。

白雪的家在一个村子里，父母都是农民，她没去过大城市。她总想着出去看看外面的世界。

⊙冲动是躲在自我背后的"魔鬼"。

15 岁的时候，有一次她因为一件小事和父亲吵了起来，便赌气离家出走，来到了她向往已久的大城市。

人生地不熟，她不知道自己接下来该去哪，做些什么。但无论如何不能回家去，她想。

一个陌生男子过来主动和她搭话，问她家在哪里，都有什么人啊，为什么到这儿来，等等。他自称自己可以给她介绍工作，等赚了钱就不用依靠家里了……白雪被他的话所蒙蔽，跟他上了车。

车越走越远，还没有到那个男子说的什么"有工作的地方"，她已经感觉到自己可能受骗了。下车后，那名男子拉着她就向一个小村子里走，她问："我们要去哪？""这里是离你家很远的外省，你做我媳妇吧。"

她拼命反抗，但已经成了人家的笼中之鸟，被迫和那个男人成了家。

此后她一直过着很艰辛的生活，整日操劳不说，还要忍受那男子父母的虐待，自打她生了个女儿，就更没过过一天好日子。她后悔自己当初离开家，要不是自己意气用事，也不至于被骗到这里。

几年之后，她趁男子家里人不备，带着孩子跑了出来，但她不知道该怎么回家。她又流落到另一个地方，靠捡垃圾，做一些短工维持生计。不知道经历了多少委屈和辛苦，她原本年轻的脸也变得比同龄人苍老许多，她想回家，可连回家的路费都凑不够，一看到街上的老人互相搀扶的情景，她就想起自己的父母，禁不住暗自流泪。

后来她又嫁给了另外一个本地人，生活好了不少。她可以回家了，但当她回去以后，才知道父母因为找她而病倒了，几年前就已经去世了。听到这个消息，白雪几乎要崩溃了，自己的一时冲动，不但给自己，也给家人酿成了这样悲惨的后果。她为自己当时的错误决定付出了10多年的青春，也连累了自己的亲人。

有多少人因年轻气盛，一时冲动，与自己的亲人闹翻，造成了家庭的破裂，失去了最为珍贵的亲情；又有多少人因头脑发热而断送了自己的一生。所以，无论遇到什么事，无论当时的情形多么让人愤怒，青少年朋友也要尽量保持冷静、清醒的头脑，告诉自己等一等再作决定。

希腊神话中有个人叫布鲁斯，他要离开家乡到远方去闯荡。临走时，他的妻子叮嘱他说："不论什么时候，都要等一等再作决定。"布鲁斯走了几天，一天晚上，他到一家旅店住宿。店主人告诉他："不管夜里发生些什么，你都不要下楼去看。"

布鲁斯正在睡梦中，他被一种奇怪的声音所吵醒。好像楼下有人在喊叫，他非常想去看个究竟。但他想起了店主和妻子的话，便控制住自己的好奇，接着睡觉。

第二天早上，他要动身离开。店主人对他说："你是第一个活着离开这里的客人。"

布鲁斯大惊："为什么？"

"你听到的那个声音是我得癫狂症的儿子，他每天晚上都在院子里喊叫，把人吸引到楼下后杀死。过去所有的人都是听了叫喊声以后非常好奇，忍不住下楼，丢了性命，只有你能控制住自己。"

多年以后，他成了富翁，回到了家乡，这么多年没回来了，不知道家里现在是什么样子。他远远地就看到了自己的房子，院子里自己的妻子正和一个青年男子在一起，她轻轻地抚摩着那个男子的头，看上去十分亲密。

他不由得感到愤怒，认为妻子背叛了自己。他拿出了自己防身用的匕首，准备上去先干掉这个男的。可他又想起了那句话，还是克制住了自己，先不要冲动，弄清楚事情再说。

他慢慢地走到门口，妻子看到了她，非常高兴，跑过来一把抱住了他："你终于回来了！"又转过头去对那个男子说："快过来啊，这就是你的爸爸。"

布鲁斯庆幸自己当初没有因为一时的冲动而做出傻事，否则一家团圆就成了父子相残了。他此时终于明白了妻子曾经对他说过的那句话："不论什么时候，都要等一等再作决定。"

青少年朋友在做事情时，也应该等一等再做决定。等什么呢？等自己的情绪稳定下来，等自己的头脑清醒过来，等自己不会因为一时热血沸腾而做出不理智的事，等自己确定做了决定后事态不会失控。

# 控制自己的情绪

难以控制自己，就难以控制他人。

—— [法国] 拿破仑

研究表明，情绪的低落和混乱有两方面的原因，一方面是自身的失控，另一方面是来自外界的刺激和影响。许多人因缺少自我控制，不冷静沉着，情绪因为毫无节制而骚动不安，因不加控制而浮沉波动，因为焦虑和怀疑而饱受摧残。只有冷静的人，才能够控制自己的情绪。

青少年朋友对于自身的失控，可以用下列方法来进行缓解。

(1) 可以与别人聊聊。在日常生活或工作中，经常会产生一些矛盾或意见，这很容易使人发怒。如果你把心中的不满或意见坦率地讲出来，既可泄怒，又可以通过批评与自我批评增强同学或同事间的团结。或者向自己信得过的朋友诉说，你也会得到安慰。这种倾诉宣泄法是很可取的。

(2) 科学的生理方法也能够处理怒火。坐下来，身子往后靠。如果站着跟人吵，会使人更加紧张。

(3) 用冷水洗脸，可让人冷静下来，降低皮肤的温度，消除一部分怒气，有利于平静下来。

(4) 话尽量讲得平缓一些，自己就会变得轻松起来，气随之也会减少。

(5) 怒气会使你的颈部和肩部的肌肉紧张引起头痛，自我按摩头部或太阳穴 10 秒钟左右，有助于减少怒气，缓解肌肉紧张。

(6) 闭目深呼吸。把眼睛闭上几秒钟，再用力伸展身体，使心神慢慢安定下来。

(7) 喝一杯热茶或热咖啡也可以稳定紧张的情绪。

(8) 大声呼喊。必须是从腹部深处发出声音或高声唱歌,或大声朗诵。对于外界的刺激,可以用下面的方法来应对。

## 躲避刺激

在日常生活中有很多事可使人产生愤怒,如遇到这种情况要尽量躲开,或暂时回避一下,以免使矛盾激化,这是一种消极的制怒方法。

## 转移刺激

人在愤怒时,往往大脑皮质中出现强烈的兴奋点,并且会向四周蔓延。为此,要在"怒发"尚未"冲冠"之际,善于运用理智有意识地去转移兴奋中心。比如,有意躲开一触即发的"地雷",即争吵的对象、发怒的现场,去到其他的地方干点别的事情。这时我们转移了一下目标,在大脑皮质建立另一个兴奋中心,便减弱和抵消了原来的兴奋中心。这种办法相对积极一点。赶快转变一下思路,听听音乐、唱唱歌、看看报纸,想象一些轻松、愉快的情景,例如,风和日丽的天气、青山秀水的风景、鸟语花香中的感受;或闭眼几秒钟,从矛盾中逐渐解脱,使你激动的情绪慢慢平静下来,怒气自然就会烟消云散了。

寻找适当的宣泄方式。把怒气发泄出来比积郁在心里要好。摔打一些无关紧要的物品能够有效地宣泄愤怒,或是对空大喊缓解一下自己的情绪。如果你愿意,可以跑到楼下,再爬上楼,每步登两个台阶,跑步上楼更好。强烈的体育运动会消耗掉你多余的能量,使你没有"力气"再发怒。

此外,青少年朋友的不良情绪还有紧张、沮丧、抑郁等。你可以通过以下努力来调控自己的情绪。

## 预先了解可能会引起紧张或沮丧的情况

有些会使青少年朋友感到紧张,甚至可能导致沮丧的事件是相当容易预测的。这些事件包括住院、开学、上学的最后一年、预先已经安排好的某位亲戚的来访、有计划的家庭搬迁、主要的节日等。为了做好准备，你应事先和家长进行良好的沟通，这样你就了解可能会发生什么。

## 对已经不再过分紧张或者沮丧的症状要多加注意

紧张和沮丧的普遍症状基本上是相似的，但是某一特殊的紧张或沮丧可能会表现出不同的症状。

在情感上，这些症状包括恐惧、情绪低落、厌烦、闷闷不乐、愤怒或者过分激动。在行为上，它们包括举止的剧烈变化，从不同寻常的畏缩变成不同寻常的好斗，或者从不寻常的平静变成不寻常的抽搐和牙关紧咬。在生理上，它们包括无法解释的胃疼、头疼，或者睡眠方式和口味的改变。

## 走出抑郁的心境

青少年朋友要学会解决碰到的难题，能度过困惑时期，从中恢复过来并汲取教训。这些问题在自己心中淤积越久，越有可能导致问题以暴力或意外的方式解决。青少年遭受精神创伤的原因是多种多样的，很难固定在某一个具体原因上。有时你会因为某一件事受到伤害，如目睹暴力、飓风、洪水、火灾、地震等自然因素夺走家园；家庭成员去世，或者是住院等。

在这种情况下，你应和父母经常沟通，向父母倾诉他们所不知道的事情。在父母面前表露时，不要惊恐，也不要局促不安，要完整地诉说，相信父母会和你一起应付处理。

如果你经历过某件可能对你造成伤害的事，那么就应该估计出可能的伤害程度，只要某一个症状持续一个月以上，就应该接受专业治疗。

### 情绪管理方法

体察自己的情绪

↓

适当表达自己的情绪

↓

以适宜的方式疏解情绪

## 换个环境

环境对人的情绪、情感同样起着重要的影响和制约作用。素雅整洁的房间，光线明亮、颜色柔和的环境，使你产生恬静、舒畅的心情。相反，昏暗、狭窄、肮脏的环境，则会给你带来憋闷和不快的情绪。安谧、宁静的环境，使你心情松弛、平静；而杂乱、尖利的噪音，使你烦躁焦急。因此，改变环境，也能起到调节情绪的作用。青少年朋友在受到不良情绪的压抑时，可以到外面走走，看看美景，散散心。大自然的美景，能够豁达胸怀，欢娱身心，对于调节人的心理活动有着很好的效果。长期生活在优美环境中的人，往往能够精神矍铄，心情舒畅。

青少年朋友在受到不良情绪压抑和折磨时，更应该改变独居陋室的习惯，常到风景秀丽、景色宜人的公园去游玩，或到绿树成荫的大道上散散步。绿色的世界，勃勃的生机，会使人心旷神怡、精神振奋、忘却烦恼，消除精神上的紧张和压抑之感。

选择适合自己的方式，调节好自己的情绪，排除紧张与抑郁，控制愤怒和不满，做自己情绪的主人，这样才能使你的人生越来越美好。

# 本领十五：充分挖掘自己的潜能
## ——引爆你无穷的潜能

 **哈佛告诉你**

"每个人都有一种伟大的内在力量，如果你能发现并利用它，你就会明白，你完全能够实现自己的梦想和憧憬。"这种神圣的、永恒的、不朽的潜能，犹如一个无言的使者，时时鞭策着你、保护着你、激励着你。引爆你无穷的潜能，将你的能量最大限度发挥出来，自由遨游于天际。

## 人的潜能无限

> 人总是有希望的。没有希望的心田，是寸草不生的荒地。
>
> —— [美国]惠特曼

人的潜能到底可以开发到何种程度？这是人们一直关注的问题。

相信你能从下面的故事中找到答案。

一个铁块的最佳用途是什么呢？第一个人是个技艺不纯熟的铁匠，而且没有要提高技艺的雄心壮志。在他的眼中，这个铁块的最佳用途莫过于把它制成马掌，他为此竟还自鸣得意。他认为这个粗铁块每千克只值四五分钱，所以不值得花太多的时间和精力去加工它。他强健的肌肉和三脚猫的技术已经把这块铁的价值从 1 美元提高到 10 美元了。对此他已经很满意。

此时，来了一个磨刀匠，他受过一点更好的训练，有一点雄心和一点更高的眼光，他对这块粗铁看得更深些，他研究过很多煅冶的工序，他有工具，有压磨抛光的轮子，有烧制的炉子。于是，铁被熔化掉，碳化成钢，然后取出来，经过煅冶，被加热到白热状态，然后投入到冷水或石油中以增强韧度，最后细致耐心地进行压磨抛光。当所有这些都完成之后，奇迹出现了，他竟然制成了价值 2000 美元的刀片。铁匠惊讶万分，因为自己只能做出价值仅 10 美元的粗制马掌。经过提炼加工，这块铁的价值已被大大提高了。

另一个工匠看了磨刀匠的出色成果后说："如果依你的技术做不出更好的产品，那么能做成刀片也已经相当不错了。但是你应该明白这块铁的价值你连一半都还没挖掘出来，它还有更好的用途。我研究过铁，知道它里面藏着什么，知道能用它做出什么来。"

与前两个工匠相比，这个匠人的技艺更精湛，眼光也更犀利，他受过更好的训练，有更高的理想和更坚韧的意志力，他能更深入地看到这块铁的分子——不再囿于马掌和刀片——他用显微镜般精确的双眼把生铁变成了最精致的绣花针。他已使磨刀匠的产品的价值翻了数倍，他认为他已经榨尽了这块铁的价值。当然，制作肉眼看不见的针头需要有比制造刀片更精细的工序和更高超的技艺。

但是，这时又来了一个技艺更高超的工匠，他的头脑更灵活，手艺更精湛，更有耐心，而且受过顶级训练。他对马掌、刀片、绣花针不屑一顾，他用这块铁做成了精细的钟表发条。别的工匠只能看到价值仅几千美元的刀片或绣花针，他那双犀利的眼睛却看到了价值10万美元的产品。

也许你会认为故事应该结束了，然而，故事还没有结束，又一个更出色的工匠出现了。他告诉我们，这块生铁还没有物尽其用，他可以让这块铁造出更有价值的东西。在他的眼里，即使钟表发条也算不上上乘之作。他知道用这种生铁可以制成一种弹性物质，而一般粗通冶金学的人是无能为力的。他知道，如果煅铁时再细心些，它就不会再坚硬锋利，而会变成一种特殊的金属，富含许多新的品质。

这个工匠用一种犀利的、几近明察秋毫的眼光看出，钟表发条的每一道制作工序还可以改进；每一个加工步骤还能更完善；金属质地还可以精益求精，它的每一条纤维、每一个纹理都能做得更完善。于是，他采用了许多精加工和细致煅冶的工序，成功地把他的产品变成了几乎看不见的精细的游丝线圈。一番艰苦劳作之后，他梦想成真，把仅值1美元的铁块变成了价值100万美元的产品，同样重量的黄金都比不上它。

但是，铁块的价值还没有完全被发掘出来，还有一个工人，他的工艺水平已是登峰造极。他拿来一块钢，精雕细刻之下所呈现出的东西使钟表发条和游丝线圈都黯然失色。待他的工作完成之后，你见到了几个牙医常用来勾出最细微牙神经的精致钩状物。1千克这种柔细的带钩钢丝，如果能收集到的话，要比黄金贵几百倍。

铁块尚有如此挖掘不尽的财富，何况人呢？每个人的体内都隐藏着无限丰富的生命能量，只要我们不断去开发，它就可以是无限大。

工匠们都在生铁里看到了经过加工后的成品，青少年朋友也应该在自己的生活中看到灿烂的前途，并去把它化为现实。如果你只目光短浅地看到马掌或刀片，你所有的努力与辛劳都不可能产生钟表发条与游丝线圈。你必须目光远大、必须勇于拼搏、经受考验并付出必要的代价，这样你就能把自己的生命能量发挥到极致。而且还要坚信，你所经受的

⊙人的潜能是无限的，只有最大限度地对其进行开发，你的能量才能最大限度地发挥出来。

痛苦和所做的努力最终会得到回报。

著名的苏联学者兼作家伊凡·业夫里莫夫指出："一旦科学的发展能够更深入了解脑的构造和功能，人类将会为储存在脑内的巨大能力所震惊。人类平常只发挥了极小部分的大脑功能，如果人类能够发挥一半大脑功能，将轻易地学会 40 种语言，背诵整本百科全书，拿 12 个博士学位。"

这种描述并不夸张，而是一般人所接受的观点。

人的潜能不仅仅表现在大脑上，人的体力也存在着惊人的潜能。

在英国一个位于野外的军用飞机场上，一位名叫霍克的飞行员正在专心致志地用自来水枪清洗战斗机。突然，他感到有人用手拍了一下他的后背。回头一看，他吓得大叫一声，拍他的哪里是人，而是一只硕大的狗熊！它正举着两只前爪站在他的背后。霍克急中生智，迅速把自来水枪转向狗熊。也许是用力太猛，在这万分紧急的时刻，自来水枪竟从手上滑了下来，而狗熊已朝他扑了过去……他闭上双眼，用尽吃奶的力气纵身一跃，跳上了机翼，然后大声呼救。警戒哨里的哨兵听见了呼救声，急忙端着冲锋枪跑了出来。两分钟后，狗熊被击毙了。

事后，许多人都大惑不解：机翼离地面最起码有 2.5 米的高度，霍克在没有助跑的情况下居然跳了上去，这可能吗？如果真是这样，霍克不必再当飞行员了，而应该当一名跳高运动员，去创造世界纪录。

然而，事实确实如此。

后来霍克做了无数次试验，再也没能跳上机翼。

人们越来越怀疑此事的真实性。一位研究人体潜能的专家说："此事完全有可能发生。人在遇到危急情况时,体内会分泌一种奇异的激素,此激素能激发出人体所潜藏的超常能力。情况越危急,潜能越易发挥,而在平常情况下,潜能皆处于沉寂状态。"

你的潜能就像海洋,宽阔得一眼望不到边际,它需要你不断去挖掘。了解了自己的潜能后,就要有信心,并且全力以赴,努力将潜能发挥出来。

# 积极的暗示能够激发潜能

人生存于欲望之中,而为欲望牵线的是希望。

——[中国]王统照

古时候,有一位将军率兵要与实力比他强 10 倍的敌人打仗。行进的途中,他下马向路边小庙朝拜祷告并拿出一枚硬币向士兵说:"现在我掷钱问卜。正面朝上表示我们会赢,朝下表示我们输。我们的命运操纵在神的手里。"

随后他将钱币抛向空中,结果钱掉在地上正面朝上。士兵们看后十分高兴,士气高昂,认为有神的保佑一定会赢。果然,士兵们把强大的敌军打败了。

战后一名副官向将军说:"神的决定谁也不能改变,我们果然胜利了。"而将军笑了笑拿出了问卜的硬币,原来硬币的两面都是正面。

这就是积极暗示的力量。占卜时出现正面的硬币,给士兵一种神会帮助他们的积极暗示,这使得士兵斗志昂扬、奋勇杀敌,最终大获全胜。

同样的道理,积极的暗示能够激发出你的潜能。

鲁西南有一个小村子叫姜村,这个小村子因为这些年几乎每一年都有几个人考上大学、硕士甚至博士而闻名遐迩。方圆几十公里以内的人们没有不知道姜村的，人们会说，就是那个出大学生的村子。久而久之，人们不叫姜村了，大学村成了姜村的新村名。

姜村只有一所小学校，每一个年级一个班。以前的时候，一个班只有十几个孩子。现在不同了，方圆十几个村，只要在村里有亲戚的，都千方百计把孩子送到这里来，人们说，把孩子送到姜村，就等于把孩子送进大学了。

在惊叹姜村奇迹的同时，人们也都在问，都在思索。是姜村的水土好吗？是姜村的父母掌握了教孩子秘诀吗？还是别的什么？

假如你去问姜村的人，他们不会告诉你什么，因为他们对于秘密似乎也一无所知。

在 20 多年前，姜村小学调来了一个 50 多岁的老教师，听人说这个教师是一位大学教授，不知什么原因被贬到了这个偏远的小村子。这个老师教了不长时间以后，就有一个传说在村里流传——这个老师能掐会算，他能预测孩子的前程。原因是，有的孩子回家说，老师说他将来能成数学家；有的孩子说，老师说他将来能成作家；有的孩子说，老师说他将来能成音乐家；有的说，老师说他将来能成钱学森那样的人……

不久，家长们又发现，他们的孩子与以前不大一样了，他们变得懂事而好学，好像他们真的是数学家、作家、音乐家的材料了。老师说会成为数学家的孩子，对数学的学习更加刻苦，老师说会成为作家的孩子，语文成绩更加出类拔萃。孩子们不再贪玩，变得十分自觉，不用像以前那样严加管教。

家长们很纳闷，也将信将疑，莫非孩子真的是大材料，被老师说破了天机？

就这样过去了几年，奇迹发生了。这些孩子到了参加高考的时候，大部分都以优异的成绩考上了大学。

现在看来，也许大家都能看破"天机"了。正是老师给了学生积极

| 怎样发掘潜能 |
| 培养正确的自我意识 |
| 健全人格 |
| 培养创新的兴趣 |
| 积极地参加实践 |

的暗示，使他们在数学、语文等特定方面刻苦努力，发掘出了孩子的潜能，将他们在那些方面的优势充分发挥出来。

心理学中还有一个著名的实验。一个女孩长相很丑，因此对自己缺乏自信心，不爱打扮自己，整天邋邋遢遢的，做事也不求上进。心理学家为了改变她的心理状态，让大家每天都对丑女孩说"你真漂亮"、"你真能干"、"你真可爱"、"今天表现不错"等赞扬性的话语。经过一段时间的努力，人们惊奇地发现，女孩真的变漂亮了。其实，她的长相并没有变，而是精神状态发生了变化。她不再邋遢了，变得爱打扮、爱与人相处、做事积极、爱表现自己了。怎么会发生这么大的变化？其根源正在于大家对她的积极暗示给了她信心。因为女孩对自己有了自信，所以使大家觉得她比以前漂亮了许多。

如果你对自己说："我很自信，对未来充满信心。"那么在说此话时，你的脑海里一定会浮现出自己成为自信者的清晰图画。如果你通过适当的行为、具体的行动不断督促自己，加强心目中这一形象图画的话，那么最终这幅图画会变成活生生的现实，并创造出一个积极进取、乐观向上的你。

如果人们持之以恒地向自己"灌输"某些积极的形象和建议，那么它们就逐渐成为人的行为、经历，以及性格中不可分割的部分。只要你调动精神，集中心思和精力，放松自己，给自己提出建议和要求，并充分运用自己的想象力，就能成功。

当你陷入各种沮丧和抑郁的情绪时，你可以把自己想象成是一片巨大的枫叶，正从高高的树顶落下，落向那柔软的、绿草如茵的大地。通过这样的想象来加深自己的放松状态。随着每一次的呼吸，你会进入更深层次的放松状态。因为你是一片枫叶，所以你没有忧虑，没有烦恼，什么都不用考虑。你唯一在做的，是轻轻地、慢慢地飘荡下去，渐渐地接近那软软的、绿油油的芳草地……飘飘忽忽地更深入一层放松。最后，你终于降落在那柔软的绿草地上。当你接触到那绿油油的小草时，你将变得完完全全平静安详，身外的一切都好像不复存在了。这就是心理潜力的力量。

# 积极的行动能够激发潜能

希望是栖息于灵魂中的一种会飞翔的东西。

—— [英国] 狄更斯

有了好想法，就要积极地付诸行动。积极的行动往往能够激发出令你意想不到的潜能。

从火车发明者史蒂芬逊的经历来看，创造来自实践。他从没在学校受过教育，8 岁给人家放牛，13 岁就跟父亲到大煤矿干活。起初当蒸汽机司炉的副手，擦拭机器，别人修理机器时他细心观察，了解它的构造和功能。由于他刻苦学习，长时间积累，掌握了相当熟练的技巧。

一天煤矿里一辆运煤车坏了，机械师们修了好长时间仍不能使用，史蒂芬逊自告奋勇地要求修理。他平时摆弄过很多机器，已了解到这种运煤车构造上容易出毛病的地方。于是，他从容不迫地拆开，调整好出毛病的地方，再照原样装配好，运煤车果然开动起来了。通过这件事，他很快升任机械修理师，直至机械工程师。

曾经看过一则笑话，说是有个世界游泳冠军，在获得金牌后接受记者采访。有位记者想请他透露一下训练成功的秘诀。他回答是因为他的教练采取了一种罕见的训练方法。

每次训练时，教练都要在他身后放下一条凶猛的鳄鱼，这条鳄鱼游泳速度非常快，而且一旦追上人之后便会毫不客气地一口吞食下去。

为了不至于成为鳄鱼口中丰盛的美味，他只好在每次训练时拼命往前游，就这样，他的速度越来越快，终于成了世界冠军。

这虽然只是个笑话，但它却以一种非常幽默的方式在告诉青少年朋友：积极的行动能够激发出人的潜能。

在一间灯光暗淡的病房里，两位女护士焦急地工作着——每人各抓住麦克的一只手腕，力图摸到脉搏的跳动。因为麦克在这整整6小时内都未能脱离昏迷状态。医生做了自认为所能做的一切事情后，离开病房给其他病人看病去了。

麦克不能动弹、谈话或抚摸任何东西。然而，他能听到护士们的声音，在昏迷的某些时间里，他能相当清楚地思考，他听到一位护士激动地说：

"他停止呼吸了！你能摸到脉搏的跳动吗？"

"没有。"

他一再听到如下的问题和回答："现在你能摸到脉搏的跳动吗？"

"没有。"

"我很好，"他想，"我必须告诉他们，无论如何我必须告诉他们。"

同时他对护士们这样近于愚蠢的关切又觉得很有趣，他不断地想："我的身体良好，并非即将死亡，但是，我怎么能告诉他们这一点呢？"

于是他记起了他所学过的自我激励的语句："如果你相信自己能够做某件事，你就能完成它。"他试图睁开眼睛，但失败了，他的眼睑不肯听他的命令。事实上，他什么也感觉不到，然而他仍努力地睁开双眼，直到最后他听到这句话："我看见一只眼睛在动——他仍然活着！"

这种情况持续了相当长的一段时间，直到麦克不断努力睁开了一只眼睛，接着又睁开另一只眼睛。恰好这时候，医生回来了，医生和护士们以精湛的技术、坚强的毅力，使他起死回生了。

当遇到困境时，就应该像麦克一样采取积极的行动，在积极行动的推动下，你体内的能量会爆发出来，做出平时难以做到的事情。

| 激发个人潜能你需要问什么 | |
|---|---|
| 我生命的意义（目的）何在？ | 如果人生没有目的，则会盲目一生，失去方向 |
| 我是谁？我要成为怎样的人？ | 你必须找回自我，找回理想中要成为的人 |
| 我有哪些价值观和信念？ | 人通常透过价值观和信念下决定，从而产生 |
| 我一生的策略是什么？ | 你用什么方法实现生命的意义，成为理想中的人很重要 |
| 我的短期目标是什么？ | 人生是从小到大的积累 |

# 意外事件能够激发潜能

*一个人只要强烈地、坚持不懈地追求，他就能达到目的。*

*—— [法国] 司汤达*

大部分人都不知道自己到底有怎样的潜能，因为他们还没有机会了解这一点，如果有机会或有外界的刺激，人们就能够知道自己拥有怎样的力量了。

　　沙特阿拉伯塔伊夫城有一个25岁的姑娘，她长得很漂亮。可是，她不明原因地"哑"了20年，多方医治丝毫无效。有一天，媒人领进家一个比她大25岁的长得很丑的老头子。见面之后，姑娘的父亲逼她嫁给他，一急之下，姑娘讲出了20年来的第一句话："我宁死也不嫁给他！"

　　姑娘的"哑"症竟然因此不治而愈。类似的事例在我国古代《医部全录》中也有记载。

　　明朝年间，某地一个姑娘得了一种怪病，打哈欠后两个上肢再也放不下来了，家人只好请来郎中诊治。那郎中看着病人说，治这个病必须用艾叶灸肚脐下的丹田穴，说完，就动手去解姑娘的裙带。姑娘羞得忙用手来护，不知不觉中两个上肢都放下来了。

　　从某种意义上说，这属于医学范畴的事，但这对人不无启迪：一个人只要处于一种特定的环境中，然后给他一个刺激，往往会激起人体内潜在的一种神秘力量，使原先的"症状"彻底解除。

　　其实，许多研究人类潜力的科学家都曾指出，人的能力，有90%处于休眠状态，未曾探测、开发。有部分专家甚至表示，人的能力有95%都尚未被用于生活和工作中。

　　俄国戏剧家斯坦尼斯拉夫斯基排一场话剧时，女主角因故不能参加演出，他不得不让自己的大姐接替。可大姐从未演过主角，自己也缺乏信心，排演结果十分糟糕。斯坦尼斯拉夫斯基非常生气地说："这个戏是全戏的关键，如果女主角仍然演得这样差劲，整个戏就不能再往下排了！"这时全场寂然，受到屈辱的大姐久久没有说话。突然，她抬起头来坚定地说："排练！"一扫过去的自卑、羞涩、拘谨，演得非常自信、真实。斯坦尼斯拉夫斯基高兴地说："从今天以后，我们有了一个新的大艺术家。"

　　美国的笛福森，45岁以前是一个默默无闻的银行小职员，人们认为他是一个毫无创造才能的庸人，连他自己也看不起自己。然而，在

45 岁生日那天，他受报上一则故事的刺激，立志成为企业家。

从此，笛福森以前所未有的自信心和顽强毅力，破除无所作为的思想，潜心研究企业管理，终于成为一个颇有名望的大企业家。

现在风靡世界的"背跃式"跳高技术首创者运动员理查德·福斯伯，11 岁那年在上小学体育课时，一次老师点名叫他跳高。当时福斯伯思想正在开小差，在慌乱中匆匆奔向横杆，结果是面向老师，背对横杆，并在一急之下，把老师教的姿势都忘了。于是他急中生智，索性顺势就地腾起，奇迹般地跃过了 1.15 米的横杆，倒在沙坑里，引得同学们哄堂大笑。他的体育老师慧眼识珠，及时帮助他完善这种独特的跳法。经过多年训练，福斯伯终于在 1968 年墨西哥奥运会上，用"背跃式"征服了 2.24 米的高度，打破了当时的奥运会纪录。

从这许多事例可以看出，人在紧要关头能够完全激发自己的全部潜能，实现原来根本就不可想象的目标。

青少年朋友，当你走投无路时，如能冲破不幸和灾难，就有可能扭转乾坤、化险为夷。这是因为你身上隐藏着一股惊人的智慧和潜能。而你大多数情况下的失败，只是因为你忽略了自身这股潜力而已，只要善加利用，即可获得意想不到的效果。